Färbereichemische Untersuchungen.

Anleitung zur

Untersuchung, Bewerthung und Anwendung

der wichtigsten

Färberei-, Druckerei-, Bleicherei- und Appretur-Artikel.

Von

Dr. Paul Heermann.

Mit Abbildungen auf zwei Tafeln.

Springer-Verlag Berlin Heidelberg GmbH

Additional material to this book can be downloaded from http://extras.springer.com.

ISBN 978-3-662-01832-3   ISBN 978-3-662-02127-9 (eBook)
DOI 10.1007/978-3-662-02127-9

Softcover reprint of the hardcover 1st edition 1898

Vorwort.

Vorliegende Arbeit entspringt einer mehrjährigen Thätigkeit des Verfassers inmitten der chemischen Textilindustrie und dem von ihm dabei empfundenen Bedürfniss nach einem Special - Hilfsbuch zur Untersuchung und Bewerthung der Produkte der chemischen Textilindustrie, das in möglichster Kürze und Knappheit die wissenswerthesten Methoden und Daten für den Färberei- und Handels-Chemiker zusammenfasst.

Das Bedürfniss nach einem derartigen Leitfaden scheint schon deshalb vorzuliegen, weil die allgemeinen technisch-analytischen Werke dieses eine Specialgebiet, das für den Chemiker ein stetig wachsendes Interesse gewinnt, naturgemäss nicht genügend berücksichtigen können, während ihrerseits die meisten Handbücher der Färberei ihr Hauptinteresse der tinktorialen Seite des Faches zuwenden müssen.

Das Buch ist in erster Linie für den Chemiker bestimmt, insofern als es die chemisch-analytischen Grundlagen als bekannt voraussetzt, die allgemeinen Methoden oft nur markirt und seinen Schwerpunkt auf die specifischen Artikel und die specifischen Untersuchungsmethoden verlegt. Es soll aber auch dem Unterricht dienen und dem Studirenden der Fachschulen und Höheren Fachschulen an der Hand allgemeiner analytischer Hilfsbücher gute Dienste leisten.

Es haben die koloristischen Arbeiten der Färberei in diesem Buche keine Aufnahme gefunden, weil sie, ein separates Gebiet für sich bildend, einem speciellen Bändchen vorbehalten bleiben sollen, dann aber auch aus dem Grunde, weil bei der auf koloristischem Gebiete blühenden Litteratur ein lebhaftes Interesse für ein solches zur Zeit nicht besteht.

Dahingegen hielt es Verfasser für zweckmässig, dem speciellen Theil einen allgemeinen Theil über Indikatoren und Lösungen — zumeist tabellenförmig — und eine kurze Besprechung der Grundprodukte der Textilindustrie, des Wassers und der Gespinnstfasern, vorauszuschicken. Andererseits hat Verfasser die sonst üblichen Kapitel der Vorbereitung zur Analyse, wie Probeentnahme etc. ausführlicheren Handbüchern überlassen.

Indem Verfasser die Arbeit mit der Hoffnung auf eine gute Aufnahme der Oeffentlichkeit übergiebt, wird er dankbar sein für Winke bezüglich etwaiger Vervollständigungen und Abänderungen und stattet auch an dieser Stelle einzelnen Herren, die ihn durch Privatmittheilungen unterstützt haben, seinen besten Dank ab; insbesondere spricht er seinem ehemaligen hochverehrten Lehrer, Herrn Dr. H. Lange, Direktor der Höheren Färbereischule zu Crefeld, seinen wärmsten Dank aus.

Crefeld, November 1897.

Der Verfasser.

Inhalts-Verzeichniss.

IV. Theil. Organische Verbindungen.

Anhang.

I. Allgemeiner Theil.

Indikatoren.

Bei der grossen Anzahl der bekannten Indikatoren ist die richtige Wahl von grosser Bedeutung für die Zuverlässigkeit und Genauigkeit der Resultate. Im Grossen und Ganzen ist die Zahl der unentbehrlichen Indikatoren eine nur beschränkte und die Wahl oft nur eine individuelle: ein Indikator, der von einem Chemiker durchaus verworfen wird, wird vom andern bevorzugt. Hier spielt der Individualismus des menschlichen Auges mit.

Ein willkürlicher Wechsel der Indikatoren in der technischen Analyse ist durchaus verwerflich: Zur Erlangung gleichmässiger Resultate ist es vielmehr angebracht, die gewohnheitsmässen Indikatorlösungen zu benutzen und ohne zwingenden Grund und vorhergeschickte Vergleichsanalyse nicht von denselben abzuweichen. Andernfalls sind beträchtliche Differenzen nicht ausgeschlossen (Phenolphtaleïn und Rosolsäure, Phenolphthaleïn und Methylorange). — Ferner ist stets auf absolute oder höchst erreichbare Reinheit der Präparate zu sehen, welche einen scharfen Endpunkt der Reaktion geben. Dieses ist besonders bei Lakmus, Curcuma, Indigolösung u. a. hervorzuheben. So fanden z. B. Neubauer und v. Schröder, J. König (Z. f. ang. Ch. 1891, 108) Indigokarminpräparate im Handel, die zum Titriren mit Chamäleon durchaus unbrauchbar waren, da sie in der Endreaktion nicht scharf von grün nach gelb, sondern in bräunlich-röthliche Misstöne umschlugen. Man überzeuge sich von der Reinheit am besten durch einen praktischen Versuch.

Eigenschaften, Lösungen, Reaktionen etc. der bekanntesten Indikatoren sind im Folgenden zwecks rascherer Orientirung und Uebersichtlichkeit tabellenförmig zusammengestellt.

(Vgl. a. F. Böckmann, Chemisch-techn. Untersuchungsmethoden. — H. Trommsdorff: Empfindlichkeits-Tabelle. — C. Krauch: Prüfung der Reagentien. — Thomson: Journ. Soc. Chem. Ind. 6, 175; Z. anal. Chem. 1885; 222; u. ibidem 1888, 36—61.)

Indikator	Losungs-mittel	Ver-haltniss	Ver-brauch pro 100 ccm Flüssig-keit	Temperatur	Geeignet zum Titriren von	Weniger geeignet
Lakmus	Wasser	1 : 10	0,2	Kalt u. heiss (bei salpetri-ger Säure, Milchsäure, Weinsäure nur kalt)	Schwefelsäure, Salz-säure, Salpetersäure, Schwefliger Säure, Salpetriger Säure, Oxalsäure, Milch-säure, Weinsäure, Säuren neben orga-nischen Basen (wie Anilin, Toluidin, Chi-nolin) etc.	Alkali bei Thonerde, Soda, Alkali-silikaten, Schwefel-alkalien
Phenol-phtaleïn	Alkohol	1 : 100	0,5	Kalt (bei H_2SO_4, HCl, HNO_3, SO_2, CrO_3, Oxal-säure auch heiss	Schwefelsäure, Salz-säure, Salpetersäure, Schwefligsäure, Phosphorsäure, Sal-petrigsäure, Chrom-säure, Arsensäure, org. Säure, Alkali in Gegenwart v. Thon-erde, Aetzalkalien, Schwefelalkalien etc.	Kohlensäure verdünnt, Säuren an organischen Basen
Methylorange	Wasser	1 : 1000	0,1 bis 0,2	Kalt bis blutwarm	Schwefelsäure, Salz-säure, Salpetersäure, Schweflige Säure, Phosphorsäure, Ar-sensäure, Chrom-säure, Soda, Bo-rax, Natriumalu-minat, organische Basen, Sulfite, Na-triumsilikat, Alkali-sulfid, fettsaures Alkali, essigsaures Alkali etc.	
Aethylorange	30 % Alkohol	1 : 400	0,2	Kalt bis blutwarm	Dem Methylorange ähnlich; von weni-gen Chemikern ge-braucht	

Ungeeignet zum Titriren	Ueberwiegend beeinflusst durch	Verbrauch des Indikators zur deutl. Reaktion	Reaktionen und Bemerkungen	Litteratur
Sulfite, Borate, Kohlensäure, Phosphorsäure, Arsensäure, Kieselsäure, Arsenigsäure, Chromsäure, organische Basen u. Säuren, alkalische Thonerdelösungen; Natriumaluminat, Anilin, Toluidin; Gegenwart von Sulfaten und Chloriden der schweren Metalle	Säure	0,5 ccm $\frac{n}{100}$ H Cl 1,0 ccm $\frac{n}{100}$ K O H	Anhydride u. wasserfreie Säuren ohne Reaktion; Na-Nitrit = neutral, $K_2 Cr O_4$ = schwach alkalisch, $Na_2 H PO_4$ und $Na_2 H As O_4$ = alkalisch, $Na H_2 PO_4$ = sauer, Alkalisulfite lassen nur 17% finden. Sulfate u. Chloride von schweren Metallen reagiren sauer	Mohr - Classen: Titrirmethoden. — Wartha: Ber. d. deutsch. chem. Ges. (Ber.) 9, 217 und Zeitschr. f. anal. Chemie 1876, 322. — Förster: Zeitschr. f. anal. Chemie 1889, 428. — Kretschmar: Z. f. anal. Chemie 1880, 341. — Stutzer: Böckmann I, 116. — Dubois: Bull. Soc. Chim. 49, 963. — Lunge: Dingl. Polyt. Journ. 251, 40. — Plugge: Arch. Pharm. 1887, 45 u. 49. — Marsh, Chem. News 61, 2. — D. Rainy Brown: Pharm. Journ. and Trans. 1896, 56, 181.
Arsenigsäure, Kieselsäure, Borsäure, organische Basen, Ammoniak, Anilin, Toluidin; in starken Salzlosungen	Säure	0,5 ccm $\frac{n}{100}$ Na OH	$Na H CO_3$, $K_2 Cr O_4$, $Na_2 SO_3$, Na-Acetat, $Na_2 H PO_4$, $Na_2 H As O_4$ reagiren alle neutral. NaHS = neutral, organ. Basen = neutral	Luck: Zeitschr. f. anal. Chem. 16, 322. — Long: Chem. News 51, 160 u. Draper: 55, 133; Z. f. anal. Ch. 1888, 155. — Werder: Am. Ch. J. 3, No. 1. Léger: J. Pharm. Ch. 1885, 6, 5. Série. — Thomson: Journ. Soc. Chem. Ind. 6, 175.
Salpetrige Säure, Kohlensäure, Arsenige Säure, Kieselsäure, Borsäure, Oxalsäure, Essigsäure und organ. Säuren, Fettsäure; Alkali bei Gegenwart von Thonerde	Alkali	1 ccm $\frac{n}{100}$ H Cl	Ueberschuss des Indikators zu vermeiden! $KH Cr O_4$ = neutral, $Na H SO_3$ = - $Na H_2 PO_4$ = - $Na H_2 As O_4$ = - Borsäure = - CO_2 ohne Reaktion $Na_2 H PO_4$ = alkalisch, $Na_2 H As O_4$ = - Unterschwefligsaure Salze ohne Wirkung, Salpetrige Säure zersetzt den Indikator	Lunge: Chem. Ind. 1881, 348. — Dammer: Lexikon der Verfälschungen 1887, 821. — Dingler: 250, 530. — Zeitschr. f. ang. Chem. 1890, 299. — Dingler: 251, 40. — Zur Theorie des Methylorange als Indikator, Prof. Küster, 68. Vers. der Ges. deutscher Naturforscher u. Aerzte in Frankfurt a. M. 21. bis 26. Sept. 1896.
Wie Methylorange	Alkali	3 ccm $\frac{n}{10}$ H Cl	Nicht so empfindlich wie Methylorange	

Indikator	Lösungsmittel	Verhältniss	Verbrauch pro 100 ccm Flüssigkeit	Temperatur	Geeignet zum Titriren von	Weniger geeignet
Tropäolin 00	30 % Alkohol oder Wasser	1 : 400 1 : 2000	0,2 4	kalt	Mineralsäuren	Oxalsäure
Phenacetolin	Alkohol	1 : 200	0,2	kalt — warm	Alkalikarbonate, alkalische Erden, kohlensaurem Kalk	Alkalisulfid, Ammoniak
Poirrier'sBlau	Wasser	1 : 200	0,1	heiss	Aetzalkali bei Karbonat, CO_2 neben Bikarbonat, Bikarbon. neb. norm. Karbonat	
Kongoroth	30 % Alkohol	1 : 100	0,1	kalt — warm	Nachw. freier H_2SO_4 im Alaun u. in org. Säuren	Anilin, Toluidin, Echappés
Rosolsäure	60 % Alkohol	1 : 100	0,5	kalt u. warm	Mineralsäuren bei künstlichem Licht	Aetzalkalien
Korallin	Wasser	1 : 100	0,5		Der Rosolsäure an die Seite zu stellen	
Karminsäure	Wasser	1 : 100	0,5		Der Cochenilletinktur ähnlich	
Cochenille	Wasser	1 : 80	0,5	warm	Kohlensaure Erden, Kreide, Sulfide	
Lakmoïd	20 % Alkohol	1 : 200	0,1		Alkalien, Aluminate, Calcium-, Magnesiumbikarbonate. Borax, Alkalisilikate; alkal. Thonerdelösungen $(+ Al_2 O_3)$	Alkalisulfite (Lakmoïdpapier), Natriumsulfid
Curcumin	Wasser				Organ. Sauren, Ammoniak	
Indigblauschwefelsäure					Freies Alkali neben Karbonat	

Ungeeignet zum Titriren	Ueberwiegend beeinflusst durch	Verbrauch des Indikators zur deutl. Reaktion	Reaktionen und Bemerkungen	Litteratur
Organ. Säuren	Säure	2,5 ccm $\frac{n}{10}$ H Cl	Wenig gebraucht, dem Methylorange ähnlich, nur viel unempfindlicher. CO_2 und Bikarbonate ohne Wirkung	v. Miller: Ber. 11, 460; Zeitschr. f. anal. Chem. 17, 474.
Organ. Sauren, kohlens. Kalk in Kalkmilch	Säure	0,1 ccm $\frac{n}{10}$ KOH	Wenig zuverlässiger Indikator. Nitrit $=$ neutral	Degener: Z. f. Zuckerindustrie 1881, 357; Chem. Z. 1887, 591.
Bei grossen Mengen Karbonat	Säure	0,5 ccm $\frac{n}{100}$ H Cl	K_2CrO_4, Na_2HPO_4, Na_2HAsO_4, Borax, Phenol, reagiren alle sauer; ist empfindl. Reagenz auf Saure. Zusatz von 20 bis 30 ccm Alkohol verschärft Reaktion	Engel u. Ville: C. r., 100, 1073; Bull. Soc. chim. 1885, 17. — Lunge: Ber. 18, 3290.
Aetznatron, bei Gegenw. von CO_2, Sulfaten, Chloriden, Nitraten u. Ammoniaksalzen	Mineralsäure	0,7 ccm $\frac{n}{100}$ H Cl	Indikator von zweifelhaftem Werth. — Alaun ohne Einwirkung, 0,002 Proc. freie Säure giebt Reaktion	Williamson u. Smith: J. Soc. Chem. Ind. 5, 73. — Witt: Ber. 19, 1719.
Ammoniak, organ. Sauren	Säure	0,7 ccm $\frac{n}{100}$ II Cl	Bei künstl. Licht unbeeinflusst; Nitrit $=$ neutral; dem Korallin ähnlich, aber besser	Kolbe u. Schmitt: Ann. 119, 169.
do.	Saure	0,6 ccm $\frac{n}{100}$ H Cl	do.	do.
	Alkali	0,7 ccm $\frac{n}{100}$ H Cl	Entbehrlich und minderwerthiger wie Cochenille	
Alkali bei Thonerde, organische Sauren, Gegenwart v. Eisen, Thonerde	Alkali	3 ccm $\frac{n}{100}$ H Cl	Dem Methylorange ähnlich, H_2S u. CO_2 nicht so beeinflussend wie bei Lakmus. $NaHSO_3$ u. $NaH_2PO_4 =$ neutral, Ammonsalze ohne Einfluss. — Kunstl. Licht gute Resultate	Luckow: J. pr. Ch. 84, 424; Z. an. Ch. 1. 386.
Organische Säuren	Alkali		Gleicht Methylorange, leidet am Licht, bei künstl. Licht schlecht. $NaHCrO_4$, NaH_2PO_4, NaH_2AsO_4, $NaHSO_3$ (neutral); Na_2CrO_4, Na_2HPO_4, Na_2HAsO_4, Na_2SO_3 (alkal.). Sulfate u. Chloride der schweren Metalle $=$ neutral, H_2S zerstort den Indikator	Draper: Chem. News 51, 206. — Thomson: Chem. News 52, 18. — Traub u. Hock: Ber. 84, 2615. Traub: Arch. Pharm. 23, 27. — Förster: Z. ang. Ch. 1890, 163.
Gegen CO_2 empfindlich	Alkali		Salzgehalt erhöht Empfindlichk., $K_2CrO_4 =$ schw. alkalisch, sehr empfindl. Indikator	Storch: Ber. chem. Ind. Oest. 9, 95. — Storch: Zeitschr. anal. Chemie 1888, 43 u. 60.
			Nach Lunge ungenau	Engel u. Ville: Compt. r. 100, 1073. — Lunge: Arch. Pharm. 23, 243.

Titrirte Lösungen.

Die titrirten Lösungen, deren man täglich bedarf, können entweder Normallösungen (bzw. doppelt-, halb-, zehntelnormal) oder ebensogut einfach titrirte Lösungen von bestimmtem Titer sein, z. B. 1,125 normal, 0,978 normal etc. In diesem Fall muss die Zahl der verbrauchten ccm Lösung mit dem entsprechenden Faktor multiplicirt werden, um die ccm Normallösung zu erhalten. Je nach Belieben und Umständen ist das eine oder andere vorzuziehen.

Bei der Herstellung von Normal- bzw. den titrirten Lösungen bedarf man einer Urtitersubstanz. Als Urtitersubstanzen in der Acidimetrie sind am häufigsten gebraucht:

1. Krystallisirte Oxalsäure (Vorsicht, weil Kriterium, ob überschüssige Feuchtigkeit oder zum Theil verwittert — nicht scharf).
2. Oxalsäureanhydrid,
3. Geschmolzene Soda (aus Bikarbonat durch Glühen erhalten),
4. Marmor,
5. Kaliumbitartrat,
6. Chlornatrium.

Alle Urtitersubstanzen müssen qualitativ auf Verunreinigungen geprüft werden und sind im Allgemeinen die glühfähigen, also Kochsalz — Soda etc. vorzuziehen, da bei ihnen ein sonst unkontrollirbarer Gehalt an Wasser ausgeschlossen ist. — Nachdem die chemisch reine Verbindung in Lösung gebracht, wird damit in bekannter Weise mit einem empfindlichen Indikator titrirt und die Gegenlösungen eingestellt. So bei Oxalsäure, Soda, Weinstein; anders bei Kochsalz. Mit Normal- bzw. $^1/_{10}$-Normalkochsalzlösung wird eine Silberlösung und Rhodanammonlösung eingestellt und aus dieser eine Salzsäure nach Volhard (Salzsäure + Überschuss von Silbernitrat, zurücktitrirt mit Rhodanammon und Eisenalaun als Indikator) hergestellt.

Aus jeder der Säuren werden beliebige Laugen und darnach wieder andere Säuren eingestellt, nach Belieben verdünnt etc. etc.

Gramme im Liter gelöst = normal	meist gebraucht als	Urtitersubstanz	Eingestellt nach	Indikator
Schwefelsäure 49,0	$^2/_1$, $^1/_1$, $^1/_2$, $^1/_{10}$ normal	Oxals., Soda, Marmor, Weinstein	Natronlauge	Lakmus, Phenolphtaleïn etc.
Salzsäure 36,4	$^1/_1$, $^1/_{10}$ normal	dito und Chlornatrium	do.	do.
Salpetersäure 63,0	$^1/_1$ normal	do.	do.	do.
Oxalsäure 63,0	$^1/_1$, $^1/_5$, $^1/_{10}$, $^1/_{100}$ normal	selbst	do.	Phenolphtaleïn
Natronlauge 40,0	$^2/_1$, $^1/_1$, $^1/_2$, $^1/_{10}$ normal	Oxals. etc. wie oben	Schwefelsäure, Oxalsäure	Lakmus etc,
Sodalösung 53,0	$^1/_1$, $^1/_3$ normal	selbst oder wie oben	do.	Methylorange
Ammoniak 17,0	$^1/_2$, $^1/_{10}$ normal	Oxals., Soda etc.	do.	Lakmus, Lakmoïd, Curcumin
Silberlösung 170,0 (Silbernitrat)	$^1/_{10}$ normal	Chlornatrium	Chlornatrium	neutr. Kaliumchromat
Kochsalz 58,5	$^1/_{10}$ normal	selbst	Silberlösung	do.
Chamäleon 31,6	$^1/_5$, $^1/_{25}$, $^1/_{100}$ normal	Oxalsäure, Blumendraht	Oxalsäure, Ferrosalz	Autoindikator
Natriumthiosulfat 248	$^1/_{10}$ normal	Jod	Jodlösung	Stärkelösung
Jod 127	$^1/_{10}$, $^1/_{25}$, $^1/_{100}$ normal	selbst	Thiosulfat	do.
Arsenige Säure (Na-Arsenit) 49,5	$^1/_{10}$ normal	Jod	Jodlösung	do.
Kaliumbichromat 49,13	$^1/_5$, $^1/_{10}$ normal	Eisenoxydulsalz, Mohr'sches Salz	Eisenoxydulsalz	Ferricyankalium
Indigolösung	10 ccm sollen = 1 mg N_2O_5 entspr. s. N_2O_5-Bestimm. unter Wasser	Salpeter	Salpeterlösung	Autoindikator

Häufig gebrauchte Lösungen

	Darstellung
Fehling'sche Lösung	a) 69,278 g kryst. Kupfervitriol zu 1000 ccm gelöst, b) 173 g Seignettesalz 51,6 g Aetznatron } zu 1000 ccm gelöst
Nesslers Reagens	13 g Quecksilberchlorid in 800 ccm heissem Wasser gelöst, man fügt allmählich 35 g Jodkalium zu, bis sich der Niederschlag löst, tropft alsdann wieder Quecksilberchloridlösung zu, bis eben ein dauernder Niederschlag bleibt, löst alsdann 160 g Kalihydrat darin auf, füllt auf 1000 ccm und giesst klare gelbl. Lösung vom Bodensatz ab.
Stärkelösung	a) 5 g Stärke mit wenig Wasser zerknetet und allmählich in 1000 ccm kochenden Wassers eingetragen, einige Minuten gekocht, absitzen lassen und filtrirt b) oder man nimmt lösliche Stärke (Amylum solubile) nach Zulkowsky durch Erhitzen von Stärke mit Glycerin und Ausfallen mit absolutem Alkohol.
Jodkaliumstärkelösung	Zu obiger Stärkelösung einige Körnchen Jodkalium zuzusetzen.
Jodzinkstärkelösung	4 g Stärke werden zerrieben und allmählich in siedende Lösung von 20 g Chlorzink in 100 ccm Wasser gegeben, dann einige Zeit erhitzt, bis fast klar, verdünnt etwas, setzt 2 g Jodzink zu und füllt auf 1000 ccm
Uranlösung	ca. 35 g Uranacetat in mit Essigsäure angesäuertem Wasser gelöst, auf 1000 ccm gefüllt, einige Tage stehen lassen, filtriren und gegen Phosphorsäurelösung einstellen.
Eisenammoniakalaun	6 Th. Eisensulfat werden in Wasser gelöst, 2 Th. Schwefelsäure zugesetzt, mit etwas Salpetersäure erwärmt, bis kein Ferrosalz mehr nachweisbar ist (Ferricyankalium), dann werden 6 Th. Ammonsulfat zugesetzt und zur Krystallisation eingedampft, wobei sich die Verbindung ausscheidet: $Fe_2(NH_4)_2(SO_4)_4 + 24\,aq.$
Rhodankaliumlösung	1 g : 10 ccm Wasser gelöst

und Reagentien.

Verwendung	Bemerkungen und Litteratur
Gleiche Volumina a und b vor dem Gebrauch gemischt und mit der entsprechenden auf Traubenzucker zu prüfenden Lösung aufgekocht. Ist solcher vorhanden, so fällt Kupferoxydul aus. Qualitativ und quantitativ	Stammer: Lehrbuch der Zuckerfabrik; v. Lippmann: Die Zuckerarten. — Fresenius: Anleitung zur quantitativen Analyse II, 586 ff.
Dient zum qualitativen und kolorimetrisch quantitativen Ammoniaknachweis in neutralen oder alkalischen Flüssigkeiten	Ueber die kolorimetrische Bestimmung des NH_3 s. unter Wasser-Ammoniak. J. Konig: Chem. Ztg. 1897, 599.
Man setzt mehrere ccm der Losung in jodometrischen Bestimmungen zu. Freies Jod färbt die Stärke blau	Im Kühlen aufzuheben; sobald Pilzkolonien bemerkbar, unbrauchbar. — Zwecks besserer Haltung kann auch Kochsalz zugegeben werden oder die Gesammtmasse pasteurisirt und paraffinirt werden. Lösliche Stärke muss immer feucht gehalten werden.
Reagens auf salpetrige Säure, freies Chlor. Vielfach als Jodkaliumstärkepapier verwandt	Mit Vorsicht bei der Diagnose vorgehen, woil auch Eisenchlorid die Reaktion giebt.
wie Jodkaliumstärkelosung	Mit verdünnter Schwefelsäure darf keine Blaufärbung eintreten. Muss im Dunkeln aufbewahrt werden.
Zur Phosphorsäurebestimmung	Man verwendet auch andere Salze, z. B. das salpetersaure Uran.
0,5 ccm einer kalt gesättigten wässerigen Lösung bei der Volhard'schen Chlor- und Kupfertitration zuzusetzen	Käuflich auch vorhanden. J. König empfiehlt Eisenkalialaun (0,898 g : 1000 ccm gelöst enthält pro 1 ccm $=$ 0,1 mg Eisen).
ausserordentlich empfindliches Reagens auf Eisenoxydsalze; zur kolorimetrischen Eisenbestimmung zu gebrauchen	J. König: Chem. Ztg. 1897, 599.

	Darstellung
Schweitzer's Reagens	Lösen von basischem Kupfersulfat oder Kupferoxydhydrat in Ammoniak
Millon's Reagens	10 g Quecksilber + 25 g Salpetersäure (1,185) + 25 ccm Wasser lauwarm gelöst; diese Lösung vermischt mit in Digestionswärme bewirkter Lösung von 10 g Quecksilber in 22 g Salpetersaure (1,25—1,3 spec. Gew.).
Dobbin's Reagens	5 g Jodkalium mit Quecksilberchloridlösung versetzt, bis eben bleibender Niederschlag entsteht, filtrirt; dann 1 g Chlorammonium und soviel einer verdünnten Natronlauge zugesetzt, bis wieder ein bleibender Niederschlag entsteht, alsdann filtrirt und auf 1000 ccm aufgefüllt
Diphenylamin-lösung	Auflösen von 2 g Diphenylamin in 100 ccm heisser verdünnter Schwefelsäure (1 : 3) und Zusetzen von 300 ccm konc. Schwefelsaure (1,84)
m-Phenylendiamin-lösung	5 g in Wasser zu lösen, verdünnte Schwefelsäure bis zur sauren Reaktion zusetzen, auf 1000 ccm auffüllen.
Zinnchlorürlösung	1 Th. kryst. Zinnchlorür in 2 Th. Salzsäure (1,19) gelost
Alkalische Blei-lösung	1 Th. Bleizucker in 10 Th. destill. Wassers gelost und Natronlauge zugeben, bis Niederschlag wieder eben gelöst
Kaliumbichromat-lösung	3,8740 g reines geschmolzenes Kaliumbichromat zu 1000 ccm gelost
Nitroprussidlösung	1 Th. Nitroprussidnatrium in 50 Th. Wasser gelöst
Indigolösung	Indigotin in rauchender Schwefelsäure gelöst und derartig verdünnt, dass 10 ccm der Lösung = 1 mg N_2O_5 entsprechen
Salpeterlösung	0,1872 g reines salpetersaures Kali zu 1000 ccm gelost
Baryumchlorid-lösung	0,523 g reines kryst. $BaCl_2$ + 2 aq. zu 1000 ccm gelöst
Ammonium-molybdatlösung	1 Th. Molybdänl. in 4 Th. NH_3 (8 proc.) gelost und Lösung in 15 Th. Salpetersäure (sp. Gew. 1,2) gegossen; oder 150 g reines molybdäns. Ammon unter Erwärmen in 1 l Wasser gelost und mit 1 l Salpetersäure (1,2) zusammengebracht. Einige Tage mässig warm stehen lassen und, wenn nöthig, vom Bodensatz abgiessen

Verwendung	Bemerkungen und Litteratur
Lösungsmittel für Cellulose, Baumwolle und Seide	Specielleres s. u. Gespinnstfasern
Reagens auf Albuminstoffe	Nickel: Z. anal. Chemie 1889 S. 245 (Hoffmann's Reagens; Plugge's Reagens).
Reagens auf Spuren fixen Aetzalkalis (in Soda, Seife etc.)	Chem. Zeit. Rep. 1890 136.
Ausserordentlich empfindliches Reagens auf Spuren von Nitraten, Salpetersäure, Superoxyde, freies Chlor.	Zu ca. 20 Tropfen der Lösung einige Tropfen der zu prüfenden Lösung geben nach 1 Min. umschwenken (Oxalsäure muss ausgeschlossen sein)
Reagens auf Salpetrige Säure	Werthvoll, wo Eisensalze die Anwendung von Jodkaliumstärkelösung ausschliessen
Bettendorf'sche Prüfung auf Arsen	Pharm. Ztg. 1891 S. 167
Reagens auf Schwefelwasserstoff	s. a. unter Gespinnstfasern.
Zur Kontrolle des Thiosulfatlösungstiters	Von dieser Lösung machen 20 ccm 0,2 g Jod frei (in schwefelsaurer Lösung + 1—2 g Jodkalium), das mit der Natriumthiosulfatlösung titrirt wird.
Empfindl. Reagens auf Schwefelwasserstoff und alkalische Sulfurete	
Quantitative Salpetersäure- bzw. Nitratbestimmung, Sauerstoffbest. im Wasser	Chlorate und freies Chlor wirken beeinträchtigend. S. a. Seite 1.
Zur Einstellung obiger Indigolösung. 10 ccm der Salpeterlosung = 1 mg N_2O_5	s. a. Salpetersäurebestimmung unter Wasser.
siehe Härtebestimmung des Wassers	100 ccm = 12° d. H.
Zum Phosphorsäurenachweis und zur quantitativen Bestimmung der Phosphorsäure	Im Dunkeln aufzubewahren. Fresenius: Quant. An. II, 691 ff.

II. Theil. Grundprodukte.

Wasser.

F. Tiemann und A. Gärtner: Die chemische und mikroskopisch-bakterio-
logische Untersuchung des Wassers.
F. Fischer: Chemische Technologie des Wassers.

Dass das Wasser eine überaus wichtige Rolle in der Färberei
spielt, ist hinlänglich bekannt. Bald ist es das Eisen, bald der
Kalk und dann wieder der Schwefelsäuregehalt, der hinderlich
und störend wirkt. — Wesentlich verschieden sind die Anforderungen, die an ein Wasser zu technischen und zu Genuss-
zwecken zu stellen sind. Während bei Genusswasser auch nur
Spuren von Ammoniak und Salpetriger Säure ein Wasser zum
mindesten als verdächtig erscheinen lassen, wo hingegen ein gewisser Eisengehalt, eine beträchtliche Härte etc. durchaus un-
schädlich, sogar den Wohlgeschmack gewissermaassen erhöhen, —
so können bei einem technischen Wasser Spuren Ammoniak etc.
gänzlich belanglos sein und ist das Hauptaugenmerk auf die
Härte und den Eisengehalt zu legen. Die Härte des Wassers
verursacht bekanntlich Kesselsteinablagerungen, Heiz- und Material-
verluste, ermöglicht eine Kesselexplosion und bringt rascheren
Kesselverschleiss mit sich; das Eisen beeinflusst seinerseits die
Farben und verursacht Fleckenbildung; es ist besonders in der
Türkischrothfärberei sowie in der Bleicherei zu verwerfen. —
Gewisse Grenzen können eigentlich ebensowenig bei Genusswasser,
wie bei technischem Wasser gezogen werden: es hängt stets von
den Gesammtumständen ab, ob ein Wasser brauchbar oder nicht,
wie und inwieweit es zu reinigen ist etc. Die Reinigungsver-
fahren werden selbstverständlich möglichst vermieden, da dieselben

recht kostspielig sind und bei einem Durchschnittswasser von 10⁰ d. H. und rationell angelegtem Betriebe sich auf etwa zwei Pfennige pro Kubikmeter stellen.

Aussehen: klar, trübe, farblos, gefärbt? In einer 70 cm langen und 20 mm breiten Glasröhre neben destillirtem Wasser zu vergleichen.

Geruch: bei 40—50⁰ C. zu prüfen (Leuchtgas, Schwefelwasserstoff).

Geschmack: bei 15—20⁰ C. zu prüfen.

Reaktion: Lakmus- und Curcumapapier in der Kälte und Hitze.

Ammoniak: Qualitativ mit Nessler's Reagens (s. d.); quantitativ-kolorimetrisch, vergleichend mit einer Chlorammonlösung, die 3,147 g im Liter enthält; jedes ccm der Lösung enthält 1 mg Ammoniak (NH_3). J. König: Chem. Ztg. 1897, 599[1]).

Salpetrige Säure: Qualitativ mit Jodkaliumstärkelösung; bei Gegenwart von Eisenoxydsalzen mit m-Phenylendiaminlösung; quantitativ-kolorimetrisch gegen eine — eine bestimmte Menge N_2O_3 haltende — Lösung (0,406 g Silbernitrit + NaCl im Ueberschuss: 1000 ccm; filtrirte Lösung enthält in 1 ccm = 0,1 mg N_2O_3). J. König, l. c.

Kohlensäure: mit Kalkwasser nachweisbar.

Schwefelwasserstoff: mit Bleiacetatpapier.

Blei und schwere Metalle: mit Schwefelwasserstoffwasser.

Salpetersäure: qualitativ mit Diphenylaminlösung, quantitativ s. u.

Härte des Wassers.

Deutsche Grade = 1⁰ H. = 1 Theil CaO   in 100000 Th. Wasser
Französ.   -   = 1⁰ H. = 1   - $CaCO_3$ -   -   -   -
Englische   -   = 1⁰ H. = 1 Grain $CaCO_3$ - 1 Gallon Wasser

deutsch	franzosisch	englisch
1⁰	1,25⁰	1,79⁰
0,8⁰	1⁰	1,43⁰
0,56⁰	0,70⁰	1,0⁰

---

[1]) Die zu diesem Zweck neuerdings von Prof. J. König konstruirten Kolorimeter zur NH_3-, N_2O_3- und Fe_2O_3-Bestimmung werden von Dr. Rob. Muencke-Berlin NW. in den Handel gebracht.

Man unterscheidet Gesammthärte und bleibende (permanente) Härte. Wenn man von Härte schlechtweg spricht, versteht man stets Gesammthärte. Gesammthärte ist die Härte des Rohwassers; permanente Härte die Härte des ca. 10—15 Min. lang unter Ersatz des Kochverlustes gekochten und von den Ausscheidungen getrennten Wassers. (Die Differenz ist temporäre Härte.) Die Feststellung dieser beiden geschieht nach denselben Principien.

1. Gewichtsanalytische Kalk- und Magnesiabestimmung, Umrechnung der gefundenen Magnesia in die äquivalente Menge Kalk; die Summe dieser beiden als Calciumoxyd und auf 100000 Th. Wasser berechnet ist die Härte in deutschen Graden. (s. Seite 16.)

2. Acidimetrische Bestimmung. 100—200 ccm Wasser werden mit überschüssigem Natriumkarbonat auf 25 ccm eingedampft, die entstandenen Erdalkalikarbonate filtrirt, bis zur neutralen Reaktion ausgewaschen und mitsammt dem Filter in einer Porcellanschale mit $^1/_{10}$ norm. Salpetersäure titrirt. 1 ccm $^1/_{10}$ norm. Säure = 0,005 g $CaCO_3$ oder = 0,0028 g CaO.

3. Titration mit einer gestellten Seifenlösung (Faisst-Knauss-Clark'sche Methode):

a) 0,523 g reines kryst. Baryumchlorid zu 1000 ccm Wasser gelöst: in 100 ccm dieser Lösung ist die 12 deutschen Härtegraden entsprechende Menge Baryumchlorid enthalten.

b) 20 g reine Seife (sapo medicatus) zu 1000 ccm Alkohol von 56 Vol.-$^0/_0$ gelöst.

a) und b) werden gegen einander gestellt: 100 ccm der Chlorbaryumlösung in eine Stöpselflasche von ca. 200 ccm gebracht und die Seifenlösung hinein bürettirt, bis beim heftigen Schütteln ein sich 5 Min. lang haltender Schaum bildet; alsdann wird dem Seifenverbrauch gemäss die Seifenlösung derartig mit 56 proc. Alkohol verdünnt, dass 45 ccm derselben genau 100 ccm der Chlorbaryumlösung entsprechen. — Vermittelst dieser Seifenlösung werden nun 100 ccm des fraglichen Wassers ebenso titrirt, wie obige 100 ccm Chlorbaryumlösung, d. h. in 100 ccm des Wassers wird die Seifenlösung allmählich unter heftigem Schütteln bürettirt, bis ein Schaum entsteht, der sich 5 Min. lang hält. Aus folgender Tabelle ergiebt sich die Härte des Wassers, die dem Seifenverbrauch nicht proportional ist. (Falls mehr wie 45 ccm Seifenlösung verbraucht werden, wird das fragliche Wasser mit destillirtem Wasser entsprechend verdünnt.)

ccm Seife	Härtegrade	ccm Seife	Härtegrade	ccm Seife	Härtegrade
3,4	0,5	18,9	4,5	34,7	8,9
4,2	0,7	19,7	4,7	35,3	9,1
5,0	0,9	20,4	4,9	36,0	9,3
5,8	1,1	21,2	5,1	36,7	9,5
6,6	1,3	21,9	5,3	37,4	9,7
7,4	1,5	22,6	5,5	38,1	9,9
8,2	1,7	23,3	5,7	38,4	10,0
9,0	1,9	24,0	5,9	38,7	10,1
9,0	2,1	24,8	6,1	39,4	10,3
10,5	2,3	25,5	6,3	40,1	10,5
11,3	2,5	26,2	6,5	40,8	10,7
12,1	2,7	26,9	6,7	41,5	10,9
12,8	2,9	27,6	6,9	41,1	11,1
13,6	3,1	28,4	7,1	42,4	11,2
14,3	3,3	29,1	7,3	42,8	11,3
15,1	3,5	29,8	7,5	43,1	11,4
15,9	3,7	30,5	7,7	43,4	11,5
16,6	3,9	31,2	7,9	43,7	11,6
17,4	4,1	31,9	8,1	44,0	11,7
17,8	4,2	32,6	8,3	44,4	11,8
18,1	4,3	33,3	8,5	44,7	11,9
18,5	4,4	34,0	8,7	45,0	12,0

Rückstand.

100—250 ccm des Wassers werden in einer Platin- oder Porcellanschale auf dem Wasserbade eingedampft, bei 105° getrocknet, gewogen und auf 100000 Th. berechnet. Der Rückstand kann geglüht werden (organische Substanz s. d.) und zu einer Eisenbestimmung Verwendung finden.

Chlorbestimmung.

25—50—100 ccm des Wassers werden mit $^1/_{10}$ norm. Silbernitratlösung und neutralem chromsauren Kali als Indikator titrirt, bis eben Braunfärbung eintritt, und auf 100 l berechnet

$$1 \text{ ccm } \frac{n}{10} \text{ Silberlösung} = 0,00354 \text{ g Chlor.}$$

Salpetersäure (Trommsdorff-Marx).

10—25 ccm des Wassers werden in einem Kölbchen mit Indigolösung titrirt bis es auf Zusatz von 20—100 ccm konc. Schwefelsäure eben schwach grün gefärbt erscheint. Diese Bestimmung muss mehrmals ausgeführt werden, erst zur annähernden Orientirung, dann genau. Der Hauptpunkt dabei ist der, dass erst die Indigolösung zugesetzt werden muss und zuletzt die Schwefelsäure. (Natürlich kann bei der ersten orientirenden Bestimmung erst Schwefelsäure zugesetzt und dann mit Indigo titrirt werden.) Wenn die Lösung nach dem Umschwenken mit Schwefelsäure noch gelb wird, so muss der Versuch mit mehr Indigo wiederholt werden etc., bis der Moment der grünen Färbung beim Zusatz von Schwefelsäure genau getroffen ist. S. a. Indigolösung.

Es kann nach dieser Methode auch Salpetersäure in anderen Salzen etc. bestimmt werden.

Die Resultate sind nur in grosser Verdünnung genau und muss das Wasser entsprechend verdünnt werden, wenn in 25 ccm Wasser mehr wie 3 mg N_2O_5 enthalten sind.

Beispiel: Für 10 ccm Wasser sind verbraucht 10 ccm Indigolösung (Titer: 7 ccm Indigolösung $= 1$ mg N_2O_5).

$7 : 1 = 10 : x$; $x = 1{,}43$; in 10 ccm W. also $1{,}43$ mg N_2O_5 oder in 100 l Wasser $= 14{,}3$ g N_2O_5.

Gewichtsanalytische Bestimmungen.

SiO_2, Fe_2O_3, Al_2O_3, CaO, MgO, SO_3.

Kieselsäure: 2 Mal je 1 l wird verdampft und der Rückstand mit wenig konc. Salzsäure befeuchtet, eingedampft und einige Zeit (2 Stunden) auf $105—110^0$ C. erhitzt, um so die Kieselsäure unlöslich zu machen. I und II werden mit verdünnter heisser Salzsäure aufgenommen und die Kieselsäure auf ein aschefreies Filter gebracht, getrocknet, geglüht und als SiO_2 auf 100 l berechnet.

Eisen und Thonerde: Liter I (Filtrat von SiO_2) wird mit Ammoniak gefällt, einige Zeit zur Vertreibung des grössten Theiles des Ammoniaks erhitzt, absitzen lassen, dekantirt, filtrirt, heiss ausgewaschen, geglüht und gewogen $= Fe_2O_3 + Al_2O_3$.

Eisen: Darin oder im Verdampfrückstand wird das Eisen für sich kolorimetrisch bestimmt und daraus Eisen und Thonerde einzeln berechnet. — (Es kann aber auch Eisen von Thonerde chemisch getrennt werden, z. B. durch Behandeln der salzsauren Lösung mit überschüssigem Aetznatron, worin Thonerde löslich, Eisen unlöslich ist.)

Kalk: Das Filtrat von Eisen und Thonerde wird ammoniakalisch gemacht, mit oxalsaurem Ammon versetzt, einige Stunden auf dem Wasserbade belassen, nach 12 Stunden filtrirt, getrocknet, geglüht, zuletzt vor dem Gebläse bis zur Konstanz geglüht, als CaO gewogen und auf 100 l berechnet. (Zur Kontrolle kann es in $CaSO_4$ umgesetzt werden.)

Magnesia: Das Filtrat von Kalk wird mit Chlorammonium, Ammoniak und Natriumphosphat 12 Stunden kalt stehen gelassen, filtrirt, geglüht, gewogen (als $Mg_2P_2O_7 =$ Magnesiumpyrophosphat erhalten), auf MgO verrechnet und auf 100 l reducirt.

Schwefelsäure: Filtrat von der Kieselsäure (Liter II) wird nach Zusatz von Salzsäure in der Siedehitze mit überschüssigem Baryumchlorid gefällt, filtrirt, geglüht, gewogen und das so erhaltene Baryumsulfat als SO_3 auf 100 l berechnet.

Kohlensäure.

Eine nur untergeordnete Bedeutung in der Färberei hat der Kohlensäuregehalt des Wassers.

Die Karbonate können durch direkte Titration des Wassers (500 ccm) mit $\frac{n}{10}$ Salzsäure und Methylorange bestimmt werden. Es ist dabei die Empfindlichkeitskorrektur des Indikators unter Umständen zu berücksichtigen. Je 1 ccm $\frac{n}{10}$ Säure $= 0{,}0022$ g CO_2.

Freie Kohlensäure zusammen mit den Karbonaten wird am Besten nach der Pettenkofer'schen Methode ermittelt. 100 ccm Wasser werden mit 3 ccm einer koncentrirten Chlorbaryumlösung, 2 ccm Chlorammoniumlösung und 45 ccm einer titrirten Aetzbarytlösung in einem Kolben versetzt, gut verkorkt, geschüttelt und einige Zeit sich selbst überlassen, bis sich der Niederschlag abgesetzt hat. Alsdann wird ein aliquoter Theil (50 oder 75 ccm) der klaren Lösung mit $\frac{n}{10}$ Salpetersäure titrirt, auf das ganze Volumen berechnet und von den 45 ccm Barytlösung, bzw. der ihr äquivalenten Menge Salpetersäure in Abzug gebracht.

Beispiel: 45 ccm Aetzbarytlösung entsprechen 40 ccm $\frac{n}{10}$ Salpetersäure; 50 ccm der klaren Lösung verbrauchten 10 ccm $\frac{n}{10}$ Säure. $40 - (10 \times 3) = 10$ ccm $\frac{n}{10}$ Säure pro 100 ccm Wasser $= 0{,}22$ g CO_2 in 1 l Wasser.

Organische Substanz.

a) Sehr annähernd durch Glühen des Verdampfrückstandes, Befeuchten mit Ammonkarbonat und nochmaliges gelindes Glühen: der Gewichtsverlust ist organische Substanz.

b) Genauer durch Titration mit Kaliumpermanganat. 100 ccm des Wassers (Messkolben, nicht Pipette) werden in einem ca. 300 ccm fassenden Kolben mit 10 ccm verd. Schwefelsäure (1:4) und 10 oder 20 ccm $\frac{1}{100}$ norm. Chamäleonlösung genau (vom Beginn des Aufwallens ab gerechnet) 10 Min. gekocht. Die Färbung des Kolbeninhaltes muss am Schluss noch deutlich roth sein; andernfalls ist Chamäleon zuzusetzen. Dann wird die Lösung auf ca. 60—70° C. abgekühlt, mit $\frac{1}{100}$ norm. Oxalsäure (10 oder 20 ccm) entfärbt, und mit $\frac{1}{100}$ norm. Chamäleonlösung bis zur beginnenden bleibenden Röthung zurücktitrirt.

Die Berechnung findet fast allgemein auf Gramme Kaliumpermanganat statt, die pro 100 l Wasser verbraucht werden. 1 ccm $\frac{1}{100}$ n. Chamäleonlösung $= 0{,}000316$ g $KMnO_4$ pro 100 ccm oder $0{,}316$ g pro 100 l Wasser. Die Umrechnung auf organische Substanz selbst wird immer mehr und mit Recht verlassen, da sie bei dem verschiedensten Chamäleonverbrauch der einzelnen organischen Substanzarten nur sehr problematischen Werth hat.

Enthält das Wasser viel Nitrit, so wird auf 1 Th. N_2O_3 1,66 Th. Chamäleon in Abzug gebracht; enthält es beträchtliche Mengen Ammoniak, so muss dieses durch vorhergehendes Eindampfen des Wassers (auf annähernd die Hälfte des Volumens und Wiederauffüllen) vertrieben werden.

Ein Gehalt an organischer Substanz ist in der Färbereitechnik meist belanglos. Es sind nur vereinzelte Fälle beobachtet worden, wo durch einen abnormen Gehalt an solcher gewisse Theerfarbstoffe zerstört worden (Leipz. Färberztg. 1897, 8, 88) und Reduktionsnebenprocesse beim Beizen der Wolle mit Kaliumbichromat vor sich gegangen sind.

Durchschnittswerthe.

Wie sehr die Zusammensetzung der Wässer je nach der Provenienz schwankt, erhellt aus folgenden von einer englischen Kommission ermittelten und aus 600 brauchbaren Wässern gezogenen Durchschnittswerthen:

	Organ. Kohlenstoff	Organ. Stickstoff	Ammoniak	Stickstoffoxyde	Gesammt-Stickstoff	Chlor	Härte	
							bleib.	gesammte
Regenwasser	0,07	0,015	0,029	0,003	0,042	0,22	0,2	0,4
Flusswasser	0,322	0,032	0,002	0,009	0,042	1,13	0,8	3,0
Brunnenwasser	0,061	0,018	0,012	0,495	0,522	5,11	8,8	13,0
Quellwasser	0,056	0,013	0,001	0,386	0,396	2,49	6,2	10,0

Die Zahlen geben Gramme in 100000 Theilen Wasser an.

Wasserreinigung.

Die Wasserreinigung kann eine sehr mannigfache sein: eine mechanische und eine chemische.

Bei der mechanischen wird das Wasser durch eine Anzahl Filterschichten fliessen gelassen, wobei der suspendirte Theil zurückbleibt. So setzt sich z. B. ein Berliner städtischer Apparat folgendermaassen zusammen; 0,3 m Thon, 0,15 m Leinwand, 0,3 m Kies und grober Sand, 0,45 m feiner Sand; der Altonaer Apparat folgendermaassen: 2,2 m faustgrosser Kies, 7,5 m nussgrosser Kies, 7,5 m erbsengrosser Kies, 0,9 m feiner Sand.

Bei der chemischen Reinigung werden gelöste Bestandtheile ganz oder theilweise eliminirt.

I. Kalk oder Kalkwasser: der temporären Härte entsprechend zuzusetzen; ein Kalküberschuss ist zu vermeiden.

$$Ca\,(HCO_3)_2 + Ca(OH)_2 = 2\,H_2O + 2\,CaCO_3.$$

II. Wasserglas: besonders bei Wässern mit grosser permanenter Härte, pro je 1° Härte und 100 l Wasser kommen 3 g Wasserglas + 3 g calcinirte Soda. Da sich der Niederschlag nur sehr langsam absetzt, muss filtrirt werden.

III. Soda und Seife: in der Seidenfärberei. Es wird aufgekocht und der Schlamm abgeschöpft.

IV. Barytsalze: $BaCO_3 + CaSO_4 = BaSO_4 + CaCO_3$. Nachtheil, dass Baryumkarbonat durch freie Kohlensäure gelöst und das Wasser dadurch giftig wird.

V. Oxalsaures Ammon: es ist giftig, und da ein Ueberschuss unvermeidlich, so ist die Methode zu verwerfen.

VI. Alaun: unpraktisch, da Kalium, Ammonium eingeführt werden.

2*

VII. Thonerdesulfat: gute Wirkung bei Wässern, die gefärbt sind. Ueberschuss erhöht permanente Härte.

VIII. Eisenchlorid, Eisenoxydsulfat.

IX. Metallisches Eisen: auf 100000 l Wasser kommt 1 kg Eisendraht; es entsteht dabei Eisenoxydhydrat. Unpraktisch, weil Filtration dabei nöthig ist.

Ausser dieser systematischen Wasserreinigung sind verschiedenerseits sogenannte Antikesselsteinmittel vorgeschlagen und in den Handel gebracht worden. Im Allgemeinen bezwecken sie alle I. ein Löslichmachen der kesselsteinbildenden Salze des Wassers, II. ein Bröckligmachen und dadurch leichteres Entfernen des Steines und grössere Schonung, sowie Gefahrlosigkeit des Kessels. Es sind z. Th. mechanische, z. Th. chemische Mittel, d. h. solche, die nur durch den Kontakt das Ausfallen verhüten oder die Form des sich bildenden Kesselsteines günstiger gestalten, und solche, welche chemische Reaktionen mit den Wassersalzen eingehen. Die wichtigsten sind folgende, und Mischungen derselben in den verschiedensten Verhältnissen:

Soda, Chlorammonium, Chlorbaryum, Zinnchlorür, Aetznatron, Kalk, Salzsäure, Gerbstoffe, Catechu, Eichen- und Tannenholzspähne, schleimige Substanzen, Kartoffelschnitzel, Dextrin, Weizenmehl, Kleie, Harze, Pech, Thon, Paraffin, Petroleum und eine Anzahl anderer Produkte.

Das Wasser kann ferner in der Flotte selbst korrigirt werden und zwar am besten mit Essigsäure. Es wird der temporären Härte entsprechend Essigsäure zugesetzt: für je 2^0 temp. Härte werden 85—86 ccm technischer Essigsäure pro Kubikmeter gegeben. Bei zu viel Essigsäure wird die Lackbildung der Farbstoffe zu sehr verlangsamt und muss andauernder gekocht werden. (S. a. Francis Wyatt, Eng. and Mining Journ. 1895, 60, 220. — Nösselt, Zeitschr. d. Ver. d. Ingenieure 1895, 39, 991. — E. Schleh, Das Wasser und der Kesselstein. E. Mayer's Verlag. Aachen 1897.)

Technischer Versuch der Brauchbarkeit eines Wassers.

Ob sich ein Wasser in der Färberei oder Druckerei für den einen oder andern Zweck eignet, ob und inwieweit es die Färbungen etc. beeinflusst, kann auch zweckmässig durch einen Färbe-

etc. Versuch gegen einen Versuch mit destillirtem bzw. als brauchbar erprobtem Wasser festgestellt werden.

Zu einem solchen Versuch genügen in der Regel 30—40 l Wasser, in dem Baumwolle, Wolle oder Seide gebeizt, ausgefärbt, bedruckt, gewaschen etc. werden. Weichen dabei die Nuancen unvortheilhaft gegen das Contremuster mit destillirtem Wasser ab, so ist das in Frage kommende Wasser zu verwerfen, andernfalls als brauchbar anzuerkennen. Es eignen sich zu solchen Versuchen u. A. Blauholz, Gelbholz, Vesuvin, Safranin u. a. m. (S. a. Dr. H. Lange, Färber-Zeitg. 1891, No. 23 und A. Lehmann, ibidem 1895, No. 34, S. 378.)

Abwasser.

Bei der Untersuchung und Beurtheilung eines Abwassers kommt es in erster Linie an auf ätzende, übelriechende, giftige Bestandtheile. Es muss daher zuerst die Acidität bzw. Alkalinität, dann die An- oder Abwesenheit von Schwefelwasserstoff bzw. Schwefelwasserstoff bildenden sowie überhaupt übelriechenden Substanzen, und endlich das Vorhandensein oder Fehlen von giftigen Stoffen (Blei, Arsen, Anilin etc.) festgestellt werden.

Zur allgemeinen Charakterisirung eines Wassers dienen auch, wie beim Gebrauchswasser: Trockenrückstand, organische Substanz, suspendirte Substanz, Kalk, Magnesia, Chlor, Schwefelsäure, Ammoniak, Salpetersäure, Salpetrige Säure, Phosphorsäure etc. (Vgl. F. Fischer, Zeitschr. für angew. Chemie 1890, S. 64 und J. König, ibidem, 1890, S. 88.)

Gespinnstfasern.

Persoz: Le conditionnement, le titrage et le décreusage de la Soie, suivi de l'examen des autres textiles. Paris 1887.

H. Schacht: Die Prüfung der im Handel vorkommenden Gewebe durch das Mikroskop und durch chemische Reagentien.

J. Herzfeld: Die technische Prüfung der Garne und Gewebe.

von Höhnel: Mikroskopie der technisch verwendeten Faserstoffe.

Prüfung auf:

Cellulose, Holzfaser, verholzte Faser.

    1. Jodlösung und Schwefelsäure-Mischung.

    a) 1 g Jodkalium zu 100 ccm Wasser und Zusatz von Jod bis zur Sättigung; ein Ueberschuss bleibt auf dem Boden der Lösung.

    b) Zu 2 g reinsten Glycerines + 1 Volum dest. Wasser werden langsam unter Abkühlen 3 Vol. konc. Schwefelsäure zugesetzt. — Ausführung der Prüfung: Die zu prüfende Faser wird auf dem Objektträger mit einigen Tropfen obiger Jodlösung betupft, nach einiger Zeit der Ueberschuss mit Fliesspapier entfernt und 1—2 Tropfen der Lösung b zugesetzt; bei reiner Cellulose tritt keine Quellung und rein blaue Färbung ein; verholzte Fasern werden gelb gefärbt.

Cellulose.

    2. Chlorzinkjodlösung. Statt obiger beider Lösungen kann auch eine Chlorzinkjodlösung verwendet werden, welche Cellulose röthlich bis blauviolett färbt. Jod in Jodkalium gelöst + konc. Lösung von Chlorzink (v. Höhnel: 1 Th. Jod, 5 Th. Jodkalium, 30 Th. Chlorzink, 14 Th. Wasser; oder 100 Th. $Zn\,Cl_2$ vom spec. Gew. 1,82 + 12 Th. H_2O + 6 Th. KJ + Jod, bis sich Joddämpfe entwickeln).

Verholzte Fasern.

    3. Eine wässerige Lösung von Indol und hierauf Salzsäure (Rothfärbung), schwefelsaures oder salzsaures Anilin und ev. nachträglicher Zusatz von etwas verd. Salzsäure (goldgelbe Färbung); Phloroglucin und Salzsäure (rothe Färbung), salzsaures Naphtylamin (orange Färbung).

    Querschnitte von Jute geben mit diesen Reaktionen keine Farbenreaktionen, während sie mit No. 1 (Jodlösung und Schwefelsäure) schön gelb werden.

4. **Kupferoxydammoniak.** Frisch gefälltes Kupferoxydhydrat wird in konc. Ammoniak gelöst und in dunkeln gut verkorkten Flaschen aufgehoben. Es löst trockene Baumwolle sofort auf; Cellulose, schwach verholzte Fasern (Hanf) quellen stark auf oder lösen sich; stark verholzte Fasern quellen kaum auf.

5. **Naphtollösung.** 0,01 g reine Faserprobe wird mit 1 ccm Wasser und 2 Tropfen einer alkoholischen 15 bis 20 proc. α-Naphtollösung versetzt und 1 ccm konc. Schwefelsäure zugesetzt. Liegt eine Pflanzenfaser vor, so tritt beim Schütteln tief violette Lösung auf; bei thierischer Faser gelblich-röthlichbraune Färbung (Faser bleibt ungelöst). Nimmt man Thymol statt α-Naphtol, so wird die Lösung roth.

Je nachdem nun, ob die Faser in Lösung geht etc., kann folgendermaassen Rückschluss auf die Faser gezogen werden:

	Violettfärbung.	**Schwache oder keine Färbung.**	
Faser löst sich sofort auf	Pflanzenfaser oder mit Seide.	Löst sich sofort	Seide.
Faser löst sich theilweise auf	Pflanzenfaser mit Wolle, ev. auch noch mit Seide.	Löst sich nicht auf	Wolle.
		Löst sich theilweise	Wolle u. Seide.

6. **Aetznatron- oder Aetzkalilösung** von $8\% = 6-7^0$ Bé. $= 1,04$ spec. Gew. löst Thierfaser, während Pflanzenfasern kaum angegriffen werden. Wolle löst sich in 5 Min., Seide in 10—15 Min. bei Wasserbadtemperatur.

Der Reichskanzler hat über die Bestimmung des Baumwollgehaltes im Wollengewebe folgende Vorschrift erlassen: In einem 1 l fassenden Becherglase übergiesst man 5 g Wollengarn mit 200 ccm 10 proc. Natronlauge, bringt sodann die Flüssigkeit über einer kleinen Flamme langsam (in etwa 20 Min.) zum Sieden und erhält dieselbe während weiterer 15 Min. im gelinden Sieden. In dieser Zeit wird die Wolle vollständig gelöst. (Bei appretirten Wollengarnen muss eine Behandlung mit 3 proc. Salzsäure und Auswaschen mit heissem Wasser voraufgehen.) Nach der Lösung der Wolle filtrirt man durch gewogenen Gooch'schen Tiegel, trocknet bei gelinder Wärme, lässt noch kurze Zeit an der Luft stehen und wägt. Das Mehrgewicht des Tiegels entspricht dem Gewichte der Baumwollfasern.

Wolle und Baumwolle.

7. Rosanilinlösung. Wird Wolle und Baumwolle bei Anwendung von Ammoniak in eine warme bis heisse farblose Rosanilinlösung einige Sekunden getaucht und darauf kalt gespült, so wird die Wolle roth, die Baumwolle aber bleibt farblos, sobald alles Alkali entfernt. Hierbei verhält sich Seide wie Wolle; Leinen, Jute etc. wie Baumwolle. Die farblose Rosanilinlösung wird durch Zersetzen einer kochenden Fuchsinlösung mit Aetznatron oder Ammoniak und Filtration erhalten.

8. Salpetersäure. Durch kochende verdünnte Salpetersäure wird Wolle — weniger die Seide — gelb gefärbt, während vegetabilische Fasern (Baumwolle, Flachs, Hanf etc.) farblos bleiben.

Seide, Wolle, Baumwolle.

9. Salpeterschwefelsäure. Aehnlich wird Seide (und Ziegenwolle), in einem Nitrirungsgemisch (1 Vol. HNO_3 konc. + 1 Vol. engl. H_2SO_4) $^1/_4$ Stunde belassen, ganz gelöst; Wolle gelb bis gelbbraun gefärbt; Pflanzenfasern dagegen weder in Struktur noch in der Farbe geändert (Schiessbaumwolle).

Verbrennungserscheinungen

10. Animalische Fasern verbrennen, weil Stickstoff haltend, langsam und verbreiten dabei einen, sehr vielen stickstoffhaltigen Verbindungen (Horn, Haaren, Klauen etc.) eigenen, Geruch. Sie liefern eine schwer verbrennliche Kohlenabscheidung und relativ viel Asche. Die Verbrennungsdämpfe röthen feuchtes Curcumapapier. — Pflanzenfasern verbrennen leicht, riechen dabei brenzlich säuerlich (etwa wie Papier), geben wenig Asche und die Dämpfe röthen feuchtes neutrales Lakmuspapier.

Verhalten zu einig. Losungen.

11. a) Seide bleibt in konc. Schwefelsäure nur wenige Momente ungelöst, während Wolle länger ungelöst bleibt (ev. quantitative Trennung von Seide und Wolle: Lösung verdünnen und filtriren).

b) Seide und Pflanzenfasern bleiben in einer Lösung

von Bleioxyd in Aetznatron ungefärbt, Wolle wird wegen seines Schwefelgehaltes braun.

c) Kupferoxyd-Ammoniak löst Seide, Wolle bleibt ungelöst.

d) Wolle in Kalilauge gelöst und mit Nitroprussidnatrium versetzt, giebt Violettfärbung.

e) Wolle wird in 10 proc. Natronlauge auf dem Wasserbade innerhalb 5 Min. gelöst; die Seide erfordert zur völligen Lösung 10—15 Min.

12. a) Kindl'sche Probe. Vom Appret gereinigte Faser wird je nach der Dicke $^1/_2$—2 Min. in engl. Schwefelsäure gelegt, mit Wasser gespült, mit den Fingern schwach zerrieben, in verdünntes Ammoniak gelegt und getrocknet. Etwaige Baumwolle ist durch die Schwefelsäure gallertartig gelöst, durch Zerreiben und Abspülen entfernt worden; das Leinen dagegen ist wenig verändert.

b) Die fragliche Faser wird in Baumöl getaucht und das überschüssige Oel durch gelindes Pressen mit Fliesspapier entfernt. Leinen bekommt ein gallertartiges, durchschimmerndes (etwa geöltem Papier gleiches) Aussehen, während Baumwolle unverändert bleibt. Auf dunklem Untergrund erscheint die Leinenfaser deshalb dunkel, die Baumwollfaser hell. (Frankenheim und Leykauf.)

c) Rosolsäureprobe. Leinen wird, mit alkoholischer Rosolsäurelösung und dann mit konc. Sodalauge behandelt, rosa gefärbt; Baumwolle entfärbt.

13. Chlorzinklösung (Rémont). Die gereinigte und von Farbstoff getrennte Faser (ca. 2 g) wird in eine

a) kochende Lösung von basischem Zinkchlorid (spec. Gew. 1,69—1,70) getaucht, 15 Min. auf dem Wasserbade belassen, ausgewaschen, bis kein Zink im Waschwasser mehr nachweisbar. Die Seide geht dabei in Lösung; der Gewichtsverlust = Seide. (Darst. der Zinkchloridlösung: 1000 Th. Zinkchlorid, 850 Th. Wasser, 40 Th. Zinkoxyd bis zur völligen Lösung darin erhitzt.)

b) Weitere 2 g werden in ca. 60—80 ccm Aetznatron (1,5 %) getaucht und ca. 15 Min. gelinde gekocht, sorgfältig ausgewaschen, getrocknet und gewogen. Gewichtsverlust = Wolle.

Verhalten zu einigen Lösungen.

Baumwolle und Leinen.

Quantitative Bestimmung von Seide, Wolle und Baumwolle.

Kunstwolle.

c) Der Rest ist Pflanzenfaser, wozu jedoch noch 5% hinzuzurechnen sind (weil erfahrungsgemäss etwas zerstört wird), die andrerseits von der Wolle abgezogen werden.

14. Kunstwolle oder Shoddywolle ist ein Gemisch von gebrauchter Wolle, Wollabfällen mit mehr oder weniger ungebrauchter Wolle, sowie auch gebrauchter Seide, Seidenabfällen, Leinen und Baumwolle. — Die Kunstwolle wird durch Alkali schneller gequollen und gelöst als das neue Wollhaar. — Die Pflanzenfasern werden in Kunstwolle nach 13. b) durch Entfernen der Wollfaser bestimmt. — Die Seide wird nach 13. a) bestimmt, oder durch konc. Schwefelsäure, worin sich die Seide schnell, die Wolle nur langsam löst; das so erhaltene Gewichtsmanko = Seide. — Ausserdem kann die ungefähre Zusammensetzung der Kunstwolle mikroskopisch gut geschätzt werden (s. a. Tabellen). Die Kunstwolle kennzeichnet sich unter dem Mikroskope durch ihre Unregelmässigkeiten, den unkonstanten Durchmesser (plötzliche Verengungen und Ausbuchtungen), durch das Fehlen von Schuppen, die Kürze der einzelnen Haare und die Verschiedenfarbigkeit.

Echte Seide u. Tussahseide.

15. Persoz kocht zur Unterscheidung der Maulbeerbaum-Seide von der wilden oder Tussahseide die Faser eine Minute lang mit einer Chlorzinklösung von 45° Bé.: echte Maulbeerbaum-Seide wird gelöst, Tussahseide kaum angegriffen.

Kunstseide.

16. Kunstseide hat als Grundsubstanz nicht wie Naturseide Eiweissstoffe, sondern durchweg Nitrocellulose.

a) Chardonnet nitrirt Cellulose zu Oktonitrocellulose und löst diese in Alkohol-Aether.

b) du Vivier löst Trinitrocellulose in Eisessig.

c) Lehner löst Nitrocellulose in Methylalkohol-Aether oder Aetherschwefelsäure und setzt Naturseidenabfälle, in Eisessig gelöst, zu.

a_1) Ch. koagulirt mit Alkohol + Wasser oder verdünnter Salpetersäure.

b_1) V. mit einer geheim gehaltenen Flüssigkeit.

c_1) L. koagulirt mit einem Gemisch aus Terpentinöl, Chloroform und Wachholderöl.

a$_2$) Ch. entfernt die Feuergefährlichkeit („denitrirt") mit verdünnter Salpetersäure (1,32), Eisenchlorür, Phosphorsaurem Ammon etc.

b$_2$) V. denitrirt durch Zusatz von 20% Fischleim und 10% Guttapercha, mit nachfolgender komplicirter Behandlung.

c$_2$) L. verdünnt mit feuerwidrigen Salzen wie Natriumacetat etc.

a$_3$) Chardonnet's Seide ist glänzend, biegsam und besitzt den eigenartigen Griff der abgekochten Seide.

b$_3$) du Vivier's Seide ist spröder, dafür blendend weiss und glänzender wie Naturseide.

c$_3$) Lehner's Seide war bis vor Kurzem noch nicht im Handel erschienen.

17. Die künstliche Seide kann durch folgende Reaktionen von der Naturseide unterschieden werden:

a) Künstliche Seide löst sich in Alkali mit gelber, natürliche Seide mit weisser Farbe.

b) Künstliche Seide ist in einer alkalischen glycerinhaltigen Kupferlösung unlöslich, während sich natürliche Seide darin bei gewöhnlicher Temperatur löst. 10 g Kupfersulfat werden in 100 ccm Wasser gelöst und 5 g reines Glycerin zugegeben, alsdann fügt man so viel Aetzkali zu, bis der anfänglich entstandene Niederschlag gelöst ist. Diese Lösung ermöglicht nicht nur eine Erkennung der künstlichen Seide, sondern auch eine völlige Trennung und somit quantitative Bestimmung der künstlichen Seide in Gemischen mit Naturseide.

c) Künstliche Seide giebt Salpetersäurereaktion mit Diphenylamin und Brucin, natürliche nicht. (Chem. News 1897, 2, 121.)

Reagentien (zu umstehender Tabelle).

18. Schwefelsaures Anilin in 1 proc. wässeriger Lösung färbt verholzte Zellen je nach dem Verholzungsgrad mattgelb bis goldgelb.

19. Phloroglucin in 1/2 proc. wässeriger Lösung zeigt verholzte Zellen durch schwach röthliche bis hochrothe Färbung an, wenn die Faser vorher mit Salzsäure betupft ist.

20. **Jod mit Schwefelsäure.** Es werden ein paar Jodblättchen in einem Kolben mit 5—6 Tropfen Alkohol befeuchtet und dann mit soviel Wasser verdünnt, bis eben schwach weingelbe Färbung bleibt. Beim Gebrauch betupft man erst das Objekt mit verd. Schwefelsäure (1 : 2) und dann mit der Jodlösung oder umgekehrt.

21. **Fuchsin** in 5 procentiger alkoholischer Lösung.

22. **Bleiacetat** in 5 procentiger wässeriger Lösung.

23. Gesättigte wässerige **Pikrinsäurelösung**.

24. **Basische Chlorzinklösung** wie 13 a.

Es ergiebt sich daraus folgende Untersuchungstabelle:

(Pinchon.)

(10 % Aetzkali- oder Aetznatronlösung)

Alles löst sich	Chlorzink (24 oder 13a) löst in der Kälte alles	auf Zusatz von Bleiacetat, No. 22, wird Lösung nicht schwarz		**Seide**
	Chlorzink löst theilweise	der lösl. Theil durch 22 nicht schwarz, der unlösl. Theil durch 22 schwarz bzw. braun		**Seide u. Wolle**
	Chlorzink löst nichts	die Masse schwärzt sich durch Bleiacetat (No. 22).		**Wolle**
Bleibt ungelöst (No. 24 löst nichts)	Chlorwasser oder Ammoniak färben die Fasern rothbraun	Faser durch Salpetersäure roth		**Neuseeländischer Hanf**
	Chlorwasser oder Ammoniak färben die Faser nicht	21 färbt die Faser dauernd und	20 färbt gelb	**Hanf**
		Kalilauge färbt die Faser gelb	20 färbt blau	**Flachs**
		Färbung mit 21 ist nicht dauernd, sondern auswachsbar; Kalilauge färbt nicht gelb		**Baumwolle**
Löst sich theilweise	24 löst theilweise	22 schwärzt einen Theil	Kalilauge löst die in 24 unlöslich gebliebenen Theile theilweise; die bleibenden Fasern lösen sich in Kupferoxydammoniak (4)	Gemenge von **Wolle, Seide** und **Baumwolle**
	24 löst theilweise	22 schwärzt nicht	23 farbt theilweise gelb, der Rest bleibt weiss	**Seide** und **Baumwolle**
	24 löst nichts	Salpetersäure färbt theilweise gelb, der übrige Theil bleibt weiss		**Wolle** und **Baumwolle**

Neben der chemischen Untersuchung der Gespinnstfasern, deren Zahl sich heute auf viele Hunderte beläuft, ist eine mikroskopische Untersuchung durchaus nicht hintanzusetzen. Der Vorzug dabei ist der, dass die Faser, gleichviel ob gefärbt oder nicht, einer besonderen Vorbereitung wie bei der chemischen Prüfung (Entappretirung, Entfärbung etc.) meist nicht bedarf. Es genügt, die einzelne gut isolirte Faser mit Glycerin oder Wasser zu befeuchten oder Querschnitte davon zu bereiten und sofort zu mikroskopiren. Allerdings gehört dazu eine gewisse Uebung und muss sich erst durch Prüfung bekannter Spinnfasern und Einprägung der besonderen Merkmale ein sicheres Urtheil erworben werden. Jedoch gelingt es meist leicht neben geeigneten Contremustern auch einem nicht so sehr Geübten, wenigstens die wichtigsten Spinnfasern zu erkennen.

Ich will es nicht unterlassen, nochmals auf das ausgezeichnete, eingangs erwähnte Werk von v. Höhnel: „Mikroskopie der technisch verwendeten Faserstoffe" sowie auf die am Schluss dieses Buches reproducirten wichtigsten mikroskopischen Bilder der allgemeinsten Fasern zu verweisen, welche gleichfalls dem v. Höhnelschen Buche entnommen sind (Tafel I).

III. Theil. Anorganische Produkte.

Salzsäure.

Der Gehalt an Salzsäure wird aräometrisch oder besser — da ein nur geringer Schwefelsäuregehalt stark modificirt — titrimetrisch bestimmt. 50 g werden zu 1000 ccm gelöst und 100 ccm mit Normalnatronlauge titrirt; je 1 ccm Normalnatron = 0,0364 g Salzsäure.

Wird in Fällen, wo fremde Säuren wie Schwefelsäure ausgeschlossen werden sollen, der Gehalt an reiner Chlorwasserstoffsäure verlangt, so kann die Salzsäure bzw. Salzsäure + Chloride nach dem Volhard'schen Verfahren bestimmt werden. 20—25 g Salzsäure werden zu 1000 ccm verdünnt und 20—25 ccm dieser Lösung mit überschüssiger $^1/_{10}$ norm. Silbernitratlösung versetzt, nachdem die Flüssigkeit vorher mit Salpetersäure angesäuert und mit einigen ccm koncentrirter Eisenalaunlösung versetzt worden ist. Der Ueberschuss des Silbers wird mit $^1/_{10}$ norm. Rhodanammoniumlösung zurücktitrirt. Sobald alles Silber gebunden, tritt die Reaktion zwischen Rhodanammonium und dem Eisenalaun ein, die sich durch die bräunliche Färbung zu erkennen giebt. Zugesetzte Menge Silberlösung weniger verbrauchte Rhodanmenge entspricht der zur Absättigung des Chlors verbrauchten Anzahl ccm Silbernitratlösung. Je 1 ccm $^1/_{10}$ norm. Silbernitrat = 0,00354 g Cl = 0,00364 g HCl. — Sind ausser freier Salzsäure noch Chloride vorhanden, so müssen diese im Abdampfrückstand mit Silbernitrat und Kaliumchromat bestimmt und vom obigen Werthe in Abzug gebracht werden. — Aus der Differenz zwischen Gesammtsäure (Titration mit Natronlauge) und Chlorwasserstoffsäure ergiebt sich der Gehalt an fremden Säuren. — Es kann aber auch — wenn Gesammtsäure mit bestimmt wird — noch einfacher so verfahren werden: Die mit Natronlauge titrirte Salzsäure, welche nunmehr eine neutrale Chloridlösung darstellt, wird direkt mit Silbernitrat und Kaliumchromat titrirt. Je 1 ccm Silberlösung = 0,00364 g HCl. Es bedarf kaum der Erwähnung, dass nicht die ganze Menge der mit Lauge neutralisirten Salzsäure titrirt zu werden braucht, sondern dass es in den meisten Fällen angebracht sein wird, da man mit nur zehntel Silberlösung arbeitet, einen aliquoten Theil der Lösung zu titriren oder aber eine kleinere Menge Salzsäure speciell für diesen Zweck nochmals in Arbeit zu nehmen.

Vorhandensein von freiem Chlor und Salpetersäure wird mit Diphenylamin (s. d.), freies Chlor ausserdem durch die bleichende Wirkung auf blaues Lakmuspapier nachgewiesen. Unter weiteren Verunreinigungen kommen besonders Schwefelsäure, Eisen, Arsen, andere schwere Metalle, Alkalisalze etc. vor. Man nehme deshalb einen Verdampfungsversuch vor: es dürfen höchstens minimale Spuren zurückbleiben. Es darf ferner nicht viel Schwefelsäure enthalten sein: bei roher Salzsäure nicht über 1% (mit $BaCl_2$ auszufällen); ferner darf der Eisengehalt für manche Zwecke nur minimal sein: so darf er für Bleichzwecke nur höchstens 0,03% betragen (Prüfung mit Rhodankalium). Das Eisen kann zweckmässig kolorimetrisch (s. unter Wasser) oder aber auch gewichtsanalytisch und titrimetrisch (s. Eisensalze) bestimmt werden.

Volumgewicht und Gehalt der Salzsäure (Kolb).

Grade B.	Dichtigkeit	100 Theile enthalten bei 0° HCl	100 Theile enthalten bei 15°			
			HCl	Säure von 20° B.	Säure von 21° B.	Säure von 22° B.
0	1,000	0,0	0,1	0,3	0,3	0,3
1	1,007	1,4	1,5	4,7	4,4	4,2
2	1,014	2,7	2,9	9,0	8,6	8,1
3	1,022	4,2	4,5	14,1	13,3	12,6
4	1,029	5,5	5,8	18,1	17,1	16,2
5	1,036	6,9	7,3	22,8	21,5	20,4
6	1,044	8,4	8,9	27,8	26,2	24,4
7	1,052	9,9	10,4	32,6	30,7	29,1
8	1,060	11,4	12,0	37,6	35,4	33,6
9	1,067	12,7	13,4	41,9	39,5	37,5
10	1,075	14,2	15,0	46,9	44,2	42,0
11	1,083	15,7	16,5	51,6	48,7	46,2
12	1,091	17,2	18,1	56,7	53,4	50,7
13	1,100	18,9	19,9	62,3	58,7	55,7
14	1,108	20,4	21,5	67,3	63,4	60,2

Grade B.	Dichtigkeit	100 Theile enthalten bei 0° HCl	100 Theile enthalten bei 15°			
			HCl	Säure von 20° B	Säure von 21° B.	Säure von 22° B.
15	1,116	21,9	23,1	72,3	68,1	64,7
16	1,125	23,6	24,8	77,6	73,2	69,4
17	1,134	25,2	26,6	83,3	78,5	74,5
18	1,143	27,0	28,4	88,9	83,0	79,5
19	1,152	28,7	30,2	94,5	89,0	84,6
19,5	1,157	29,7	31,2	97,7	92,0	87,4
20	1,161	30,4	32,0	100,0	94,4	89,6
20,5	1,166	31,4	33,0	103,3	97,3	92,4
21	1,171	32,3	33,9	106,1	100,0	94,9
21,5	1,175	33,0	34,7	108,6	102,4	97,2
22	1,180	34,1	35,7	111,7	105,3	100,0
22,5	1,185	35,1	36,8	115,2	108,6	103,0
23	1,190	36,1	37,9	118,6	111,8	106,1
23,5	1,195	37,1	39,0	122,0	115,0	109,2
24	1,199	38,0	39,8	124,6	117,4	111,4
24,5	1,205	39,1	41,2	130,0	121,5	115,4
25	1,210	40,2	42,4	132,7	125,0	119,0
25,5	1,212	41,7	42,9	134,3	126,6	120,1

Anwendung. Im Allgemeinen weniger wie Schwefelsäure gebraucht, da sie stets etwas bleicht, wenn freies Chlor enthalten oder entsteht. In der Bleicherei zum Absäuern der Waare (Salzsäure darf hier nicht mehr als 0,03% Eisen enthalten); zum Zersetzen des Chlorkalks nach dem Bleichen (Salzsäure muss hier absolut eisenfrei sein); beim Bleichen mit Baryumsuperoxyd; in der Anilinschwarzfärberei als salzsaures Anilin (Baumwolle, Halbwolle, Halbseide und neuerdings versuchsweise Wolle); in der Blaudruckerei; zum Abziehen von Kalk nach Passagen mit kalkhaltigem Material; zum Karbonisiren von wollenen Lumpen (Kunstwolle); bei der Chlorkalkdarstellung; in der Seidenschwarzfärberei (ev. Wollfärberei), beim Grundiren mit Berliner Blau etc. etc.

Chloride.

Bei den Chloriden der Alkalien und Erdalkalien kommt es in erster Linie auf Klarlöslichkeit, Neutralität, Trockenheit und Fehlen fremder Metalle an. — Es kann deshalb je nach Bedürfniss die Löslichkeit, die Basicität (fremde Säuren), der Wassergehalt und auf fremde Metalle untersucht werden. Bei einer eingehenden Untersuchung kann zugleich das Halogen und das Metall quantitativ bestimmt werden. S. z. B. Chlorzinnanalyse. Das Halogen kann in neutralen Salzen mit Silberlösung und neutralem Kaliumchromat ($K_2 Cr O_4$) als Indikator titrirt werden. (S. a. u. Wasser und Salzsäure.)

Einige wichtigere Chloride sind im Nachstehenden speciell besprochen.

Kochsalz, Chlornatrium.

$$Na\ Cl = 58,5;\ \text{Löslichkeit in kaltem Wasser} = 35 : 100,$$
$$\text{in heissem Wasser} = 39,5 : 100.$$

Anwendung. Es findet in der Textilindustrie geringe Verwendung: als Zusatz beim Färben mit Azofarbstoffen; als Appreturmittel. Als letzteres ist es mit Vorsicht zu gebrauchen, da fast sämmtliche Farben darunter leiden und es — weil hygroskopisch — Veranlassung zu sogenannten „Stock-" oder „Schimmelflecken" giebt.

Magnesiumchlorid.

$$Mg\ Cl_2 + 6\ aq = 203;\ L.\ k.\ W. = 150 : 100;\ h.\ W. = 367 : 100.$$

Anwendung. Es findet hauptsächlich Verwendung als Appreturmittel, da es der Waare einen feuchten vollen Griff giebt. Indessen sollte es in nicht allzu grossen Mengen angewendet werden (nicht mehr wie etwa 100 g pro Liter), da bei den folgenden Operationen, beim Sengen in den Appreturcylindern etc. Zersetzungen eintreten können ($Mg\ Cl_2 + H_2 O = Mg\ O + 2\ HCl$) und der Stoff faul werden kann; trotzdem werden manchmal noch 600—700 g pro Kilo genommen.

Ammoniumchlorid, Salmiak.

$$NH_4\ Cl = 53,4;\ L.\ k.\ W. = 37 : 100;\ h.\ W. = 100 : 100.$$

Es hinterlasse beim Glühen nur geringen Rückstand, enthalte nicht zu viel Wasser, Eisen und Kalk.

Geringe Verwendung hauptsächlich als hygroskopische Substanz in der Appretur, ferner als Zusatz zu Druckmassen und in der Anilinschwarzfärberei als Feuchtigkeitsüberträger zwecks schnellerer Oxydation.

Baryumchlorid.

$$Ba\ Cl_2 + 2\ aq = 244;\ L.\ k.\ W. = 38,4 : 100;\ h.\ W. = 78,1 : 100.$$

Wegen seiner Giftigkeit beschränkte Anwendung als Erschwerungsmittel mit darauf folgender Schwefelsäurepassage: so kann Baryumsulfat in grossen Mengen im Stoff niedergeschlagen werden (Flanelle). Es ist ferner als Wasserreinigungsmittel in Vorschlag gebracht worden (s. u. Wasser).

Zinkchlorid.

$Zn\,Cl_2 = 136$; L. k. W. $= 300:100$; h. W. $=$ zerfliessend.

Anwendung. Hauptsächlich zum Bleichen von Papierstoff gebraucht, ferner als Beize für Wasserblau und als Doppelsalz einiger Anilinfarbstoffe (Grün, Methylenblau etc.) im Handel. Es wird ferner in der Lackfabrikation neben Zinn, Thonerde und Eisen gebraucht (Lacke des Ponceau, Eosins etc.), ferner als geringer Zusatz zu Schlichten und Appreturmassen, als konservirendes Mittel zur Vermeidung von Schimmelbildung ($5—10$ g : 1000).

Kupferchlorid.

$Cu\,Cl_2 + 2\,aq = 170{,}5$. L. k. W. $= 60:100$; h. W. $=$ zerfliesslich.

Als Verunreinigungen kommen vielfach Kupfersulfat und Eisensulfat vor. (Untersuchung ähnlich wie Kupfersulfat, s. d.)

Es kann als gutes Oxydationsmittel statt Kupfersulfat und Kupfersulfid (Anilin, Catechu) verwendet werden.

Manganchlorür.

$Mn\,Cl_2 + 4\,aq = 198$. L. k. W. $= 150:100$; h. W. $= 650:100$.

Beschränkte Anwendung beim Drucken einiger Modefarben und als Catechufixationsmittel; zur Darstellung von Manganbister.

Aluminiumchlorid.

$Al_2\,Cl_6 + 12\,aq = 481{,}8$; L. k. W $= 4:1$; heiss zerfliesslich.

Im Handel auch als Lösung von $20—30^0$ Bé. („Chloralum“).

Seine Hauptanwendung findet es beim Karbonisiren der Wolle (bei besseren Stückwaaren $3—6^0$ Bé. stark angewandt); ferner für einige Specialitäten, wo z. B. Wolle und Baumwolle zusammen verwebt und die Baumwolle alsdann herauskarbonisirt wird, sodass Wollskelett zurückbleibt.

Zinnchlorür, Zinnsalz.

$Sn\,Cl_2 + 2\,aq = 225$; L. k. W. $= 271:100$ (zers.); heiss zersetzt sich.

Dieses wichtige Salz kommt oft chemisch rein in den Handel. Indessen wird es auch häufig verfälscht mit Magnesiumsulfat —

weil äusserlich dem Zinnsalz täuschend ähnlich — sowie mit Chlorzink und Zinksulfat.

Das Zinnsalz ist durch eine quantitative Bestimmung zu kontrolliren. Eine wirklich gute Methode der Zinnsalzbestimmung giebt es nicht. Man kann aber das Zinn und Chlor gewichtsanalytisch und andrerseits das Zinnsalz, d. h. das Chlorür titrimetrisch bestimmen. Die Titrationsmethoden beruhen sämmtlich auf der reducirenden Eigenschaft des Zinnchlorürs.

Gesammtzinn. 20 g Zinnsalz werden in 500 ccm mit etwas Schwefelsäure angesäuertem Wasser gelöst und in 25 ccm der Lösung das Zinn mit Schwefelwasserstoff gefällt, dieses getrocknet und unter den bekannten Vorsichtsmaassregeln zu Zinnoxyd geröstet (Fresenius, Qnant. An. I. 364), gewogen und auf metallisches Zinn oder Zinnchlorür berechnet. 150 Th. $Sn\,O_2 = 118$ Th. $Sn = 225$ Th. $Sn\,Cl_2 + 2$ aq.

Zinnchlorür. a) Weitere 25 ccm der Lösung werden unter Zusatz von chlorürfreiem Eisenchlorid mit $^1/_5$ normal Kaliumpermanganat (Chamäleon) titrirt. Es wird dabei Zinnchlorid und eine demselben äquivalente Menge Eisenchlorür gebildet, welche durch Chamäleon in Chlorid oxydirt wird (man nehme sauerstofffreies, ausgekochtes Wasser). S. auch Fresenius, Quant. An. I. 365.

1 ccm $^1/_5$ norm. Kaliumpermanganat $= 0,0225$ g $Sn\,Cl_2 + 2$ aq.

b) 10 ccm der Lösung werden mit 50 ccm einer 10 proc. Seignettesalzlösung und 50 ccm einer 10 proc. Natriumbikarbonatlösung versetzt und mit $^1/_{10}$ norm. Jodlösung (Stärkelösung als Indikator) titrirt. 1 ccm $^1/_{10}$ norm. Jodlösung $= 0,01125$ g $Sn\,Cl_2 + 2$ aq.

Gesammtsäure und freie Säure. a) Die Gesammtsäure kann (nach Knecht, Rawson und Löwenthal) durch unmittelbares Titriren der Lösung (20 ccm) mit Normallauge und Phenolphtaleïn (besser Methylorange) bestimmt werden. Das ausgeschiedene Zinnhydroxydul soll die Titration nicht beeinflussen.

b) Genauer wird die Säure wie bei Chlorzinn, a) und b) bestimmt.

Basicität. Aus dem gefundenen Zinn wird die gebundene Säure berechnet: Ein Ueberschuss entspricht freier Säure, ein Manko — Zinnoxychlorür.

Qualitative Prüfung. Reines Zinnchlorür ist in der fünffachen Menge absoluten Alkohols löslich und verbleiben fast sämmtliche Verunreinigungen, sowie basisches Salz ungelöst. Es können

3*

auf solche Weise Magnesia-, Zink-, Kupfer-, Bleisalze, Kochsalz, Glaubersalz etc. gefunden werden; ausserdem bekommt man ein Bild von der Basicität bzw. dem Gehalt von basischem Chlorür, das sich besonders durch längeres Lagern leicht bildet ($3\,Sn\,Cl_2 +$

$$O + H_2\,O = 2\,Sn < \genfrac{}{}{0pt}{}{Cl}{OH} + Sn\,Cl_4).$$ Je klarer das Produkt in Alkohol oder auch in Wasser ist, desto weniger basische Salze enthält es. Indessen kann man an ein technisches Produkt die Anforderung völliger Klarlöslichkeit nicht stellen.

Anwendung. Das Zinnsalz findet ausgedehnte Anwendung in folgenden Operationen: in der Wollfärberei beim Färben mit Flavin und Cochenille (auf $7^{1}/_{2}$—10% Cochenille ca. 3—5% Zinnsalz mit wenig Weinstein, oder auch mit noch etwas Oxalsäure; Oxalsäure nuancirt nach gelb, Zinnsalz nach blau, Cochenille — roth); in der Seidenfärberei als Beize und Catechufixationsmittel; ferner als Wasserechtmachungsmittel (früher $Sn\,Cl_2$ mit $Sn\,Cl_4$ zusammen gebraucht); in der Baumwolldruckerei als Aetzmittel, weil das Zinnsalz die Azofarbstoffe reducirt und zersetzt; es dient ferner als Ausgangsmaterial für andere Zinnsalze, z. B. für das essigsaure Zinn.

Chlorzinn, Doppelchlorzinn, Schwerbeize.

$Sn\,Cl_4 + 5\,aq = 350$; in Wasser zerfliesslich; zersetzlich mit viel Wasser; 33,7 % Zinngehalt.

Es sind bei einer ausführlichen Untersuchung folgende Einzeluntersuchungen vorzunehmen, um sich ein vollständiges Bild des Produktes zu machen:

Gesammtzinn, Gesammtsäure als Chlor berechnet, Zinnchlorür und Zinnchlorid, fremde Säuren: Schwefelsäure, Salpetersäure, freies Chlor, Ammoniak, Alkalisalze und fremde Metalle, Metazinnsäure.

Gesammtzinn. 25—30 g Chlorzinn werden zu 1 Liter gelöst; 50 ccm werden zwecks Oxydation etwaig vorhandenen Chlorürs mit ein paar Tropfen Bromwasser (oder Jod) oxydirt, das Brom durch Kochen vertrieben und das Zinn mit einem Ueberschuss von salpetersaurem Ammon oder schwefelsaurem Natron gefällt. Falls die Beize stark sauer ist, werden erst einige Tropfen Ammoniak bis zur beginnenden Trübung zugesetzt und mit Ammonitrat bzw. Glaubersalz (ca. 20 g) 15—20 Min. gekocht. Nach dem Absetzen des Niederschlages wird dekantirt, filtrirt, gut ausgewaschen (be-

sonders bei Natriumsulfat), getrocknet, geglüht und als Zinnoxyd
($Sn\,O_2$) gewogen. Chlorzinn des Handels enthält 21,5—34% Zinn.

Gesammtsäure (Th. Goldschmidt). a) 10 ccm flüssiges Chlorzinn werden abgewogen, bei festem Chlorzinn 8—9 g, und auf
100 ccm aufgefüllt; davon werden 10 ccm in ein 100 ccm-Kölbchen
gebracht, mit ca. 30—40 ccm Wasser verdünnt und dann soviel
einer $^1/_3$ norm. Sodalösung zugegeben, dass 0,05—0,15 g $Na_2\,CO_3$
unzersetzt als solches im Ueberschuss bleibt, alsdann auf 100 ccm
aufgefüllt, gut geschüttelt und abfiltrirt. (Bei Schwerbeize von ca.
50° Bé. nimmt man 42 ccm $^1/_3$ norm. Sodalösung, bei festem Chlorzinn berechnet man aus dem ermittelten Zinngehalt die nöthige
Menge zuzusetzender Sodalösung.) Es ist durchaus nöthig, dass
die Soda in obiger Verdünnung des Ueberschusses angewendet
wird, da von einem grösseren Sodaüberschuss das Zinn theilweise
wieder gelöst würde, welches dann filtrirt als Chlor zur Berechnung käme. — Vom Filtrat werden nun 50 ccm mit Methylorange
und Normal- bzw. $^1/_5$ oder $^1/_{10}$ norm. Salzsäure oder Schwefelsäure
titrirt, daraus der Sodaüberschuss und der Sodaverbrauch ermittelt.
Will man mit Lakmustinktur oder Phenolphtaleïn arbeiten, so setzt
man zu 50 ccm des Filtrates 10 ccm $^1/_2$ norm. Salzsäure zu, kocht
5 Min., lässt erkalten und titrirt mit Phenolphtaleïn zurück. Die
verbrauchten ccm Sodalösung werden nun auf Chlor berechnet.

Basicität. Das Chlormanko oder der Chlorüberschuss wird
aus dem Zinn- und Säuregehalt berechnet. Bei einem Chlormanko
sind basische Salze (Zinnoxychlorid) oder Chlorür (s. d.) vorhanden,
bei Chlorüberschuss freie Säure. — Es entspreche am besten der
Chlorgehalt genau dem Zinngehalt (1 Sn gegen 4 Cl).

Beispiel: 10 ccm Chlorzinn $= 16,000$ g. — Es wurde an Zinn
gewichtsanalytisch gefunden: 24,25 %; 24,25 % Zinn entsprechen
29,18 % Chlor. Verbraucht wurden ferner 42 ccm $^1/_3$ Sodalösung
und zurücktitrirt 3,85 ccm $^1/_{10}$-Säure, 14 ccm Normal $- 0,385 \cdot 2 =$
13,23 ccm Normalsoda verbraucht. $13,23 \cdot 0,0355 = 0,469665 = 0,47$;

$\qquad$ $1,6 : 0,47 = 100 : x$; $x = 29,37$ % Chlor bzw. Gesammtsäure als
Chlor berechnet. Demnach ist ein Säureüberschuss von 29,37 minus
29,18 $= 0,19$ % enthalten.

b) Viel einfacher und schneller durchführbar ist folgende Methode, die auch an Genauigkeit der vorigen durchaus nicht nach-
steht. 25 ccm eines Chlorzinns (bzw. 15—20 g festen Chlorzinns)
werden zu 250 ccm gelöst.

25 ccm dieser Lösung werden im Becherglase mit heissem destillirten Wasser versetzt ev. mit einem Tropfen Bromwasser oxydirt und diese trübe Flüssigkeit noch ca. 10 Min. nahe der Siedehitze, also etwa auf dem Wasserbade belassen. Das Chlorzinn zersetzt sich quantitativ zu Zinnoxydhydrat und freier Salzsäure, dabei darf das Chlorzinn sogar einen beträchtlichen Säureüberschuss enthalten. Das Zinnoxydhydrat wird auf aschefreiem Filter gesammelt, dieses mit heissem Wasser gewaschen, bis Filtrat neutrale Reaktion zeigt, und dann das Filter getrocknet, verascht, geglüht, gewogen $= Sn\,O_2$. Das Filtrat wird mit Normallauge und Phenolphtaleïn titrirt. Je 1 ccm Lauge $= 0,0354\,g$ Cl. Das Gewicht des Zinnoxyds mit 0,7867 multiplicirt, gibt das metallische Zinn an; das Gewicht oder die Procentmenge des Zinns $\times 1,2 =$ verlangte Menge Chlor zur Bildung von $Sn\,Cl_4$. — Die Methode ist sehr exakt und verdient vor obiger den Vorzug.

1 $Sn\,O_2 = 0,7867\,Sn = 0,7867 \times 1,2$ Chlor, das zur Sättigung des Zinns nöthig ist. Differenz zwischen gefundenem und berechnetem Chlor gibt Chlormanko oder Ueberschuss an (s. o.).

c) Die Bestimmung der freien Säure durch unmittelbares Titriren des Chlorzinns mit Normalnatron nach Knecht, Rawson und Löwenthal ist gänzlich ungenau und unbrauchbar; die Methode von Silbermann (Färber-Ztg. 1897, No. 5) ist ungleich umständlicher und ungenauer.

Die Gesammtsäure lässt sich aber wohl durch direktes Titriren der Salzlösung mit Normallauge und Methylorange als Indikator (nicht Phenolphtaleïn!) annähernd bestimmen.

Zinnchlorür. Qualitativ mit Quecksilberchlorid; quantitativ wie Zinnsalz mit Jod oder Chamäleon (s. Zinnsalz).

Salpetersäure, freies Chlor, Ammoniak meist in nur geringen Spuren vorhanden. Sie werden gewöhnlich nur qualitativ, ev. auch kolorimetrisch bestimmt. Vorsicht bei der Reaktion mit Jodkaliumstärkepapier, da auch Eisenchlorid dieselbe giebt! — Quantitativ kann Salpetersäure mit Indigolösung bestimmt werden, genau wie im Wasser (s. u. Wasser: Salpetersäure).

Sulfate — Natriumsulfat, Eisensulfat — werden bisweilen als das spec. Gew. erhöhende Verfälschungsmittel zugesetzt. Bei starker Schwefelsäurereaktion kann diese entweder direkt durch Ausfällen mit Baryumchlorid oder indirekt durch Eindampfen und Glühen eines aliquoten Theiles des (mit Ammoniumnitrat gefällten)

Zinnfiltrates als „Nichtzinnmetalle“ bestimmt werden. Ein geringer Eisengehalt muss gestattet sein.

Metazinnsäure wird als in überschüssiger Aetznatronlauge unlöslicher Theil erhalten.

Gesammtchlor. Die Bestimmung des Gesammtchlors ist ohne besonderes Interesse, da die Chloralkalisalze etc. bereits im Nichtzinnmetall gefunden werden. Interessirt eine solche doch, so muss das Zinn erst gefällt und im Filtrat das Chlor mit Silbernitrat bestimmt werden. Im andern Falle fällt stets etwas Zinn mit dem Chlorsilber aus.

Anforderungen an Chlorzinn. Das Chlorzinn sei ein möglichst reines $Sn\,Cl_4$ d. h. enthalte dem Zinn entsprechend Chlor, nicht zu viel freie Säure (bis 0,5 %), aber auch nicht zu viel basisches Salz (Chlormanko bis 1 %) und Zinnoxychlorid; ferner möglichst wenig Metazinnsäure, Salpetersäure, freies Chlor, Sulfate, Eisen- und Alkalisalze.

Es wird heute allen Anforderungen gemäss technisch dargestellt und kommen jetzt technische Unzuträglichkeiten seltener vor als bei der Einführung des Produktes.

Anwendung. Früher als „Pinksalz“ = Doppelverbindung von Chlorzinn und Chlorammonium im Handel gewesen, jetzt reines Chlorzinn. Zum Aviviren (60 g Seife, 3 g Chlorzinn, 5 g kryst. Soda, 20 g Olivenöl 10 Min. durchkochen und auf 1000 stellen; tritt hierbei Bräunung auf, so ist es unbrauchbar); in der Wollfärberei (Alizarin mit oder ohne Alaun); als Baumwollbeize (Seife 5—10 : 1000; $Sn\,Cl_4$—4° Bé., essigsaure Thonerde 7° Bé. oder zinnsaures Natron mit abgestumpftem Alaun); beim Färben mit Ponceau; in der Holzrothfärberei (macht die Faser indessen hart); besonders aber als Seidenerschwerungsmittel par excellence (27—30° Bé.), das seit etwa 12 Jahren grosse Bedeutung erlangt hat.

Zinngehalt nach Graden Baumé.

Grade B.	% Zinn	Grade B.	% Zinn	Grade B.	% Zinn
3	1	19	8,—	35	15,4
5	2	21	8,7	37	16,—
7	3	23	9,5	38	16,3
9	3,7	25	10,7	39	16,7
11	4,6	27	11,5	40	17,2
13	5,3	29	12,5	50	21,6
15	6,2	31	13,4	55	24,—
17	7,3	33	14,5	60	26,—

Zinnsolutionen.

Dieselben sind Mischungen von Zinnchlorür, Chlorzinn mit oder ohne freie Salz- und Schwefelsäure von ausserordentlich schwankender Zusammensetzung. — Es können in ihnen nach den bei Zinnsalz und Chlorzinn entwickelten Principien diese, sowie auch die freien Säuren bestimmt werden.

Ausser dem Zinnchlorür und -chlorid kommen noch eine Reihe anderer Zinnprodukte in den Handel, bei denen man neben Salzsäure auch Salpetersäure und Schwefelsäure zum Lösen angewandt hat. In den einen überwiegt das Chlorür, in den andern das Chlorid. Die Salpetersäure kann titrimetrisch mit Indigolösung bestimmt werden (s. Wasser): es empfiehlt sich dabei, das Zinn zuerst auszufällen. Im Allgemeinen kommen sie jedoch immer mehr ausser Gebrauch, indem sie durch die reinen Produkte und aus ihnen selbst dargestellten Gemische verdrängt werden. Einige dieser Produkte sind: „Salpetersalzsaures Zinn“ oder „Physikbad“ oder „Komposition“ genannt = 5 kg Salpetersäure + 5 kg Zinnchlorür; „Scharlachkomposition“ = 5 kg Zinn + 6 kg Salpetersäure + 18 kg Salzsäure + 6 Liter Wasser; „Salpetersaures Zinn“ = 5 kg Zinn + 20 kg Salzsäure + 10 kg Salpetersäure; „Schwefelsaures Zinn“ = 5 kg Zinn + 9 kg Salzsäure + 2 kg Schwefelsäure + 2 Liter Wasser etc.

Anwendung beschränkt, sonst wie Zinnchlorür und Zinnchlorid, nur nicht als Erschwerungsmittel für Seide.

Chromchlorid, Chlorchrom.

$Cr_2 Cl_6 = 317,3$; im Handel als Lösung von 30^0 Bé. etc.

Der Chromgehalt ist ausschlaggebend. Dieser wird durch Fällen und Glühen als Chromoxyd bestimmt. Bisweilen ist das Produkt stark eisenhaltig und eine Eisenbestimmung angezeigt. Ferner sei das Präparat nicht zu stark sauer, aber auch nicht basisch und enthalte nicht zu viel Schwefelsäure. (Eisenbestimmung s. Fresenius, Quantitative Analyse I S. 581.)

Anwendung. Als Beize für Baumwolle und Seide, für beizenfärbende Farbstoffe, besonders Alizarine. Es vertheilt das Chromoxyd gleichmässiger auf die Faser als z. B. Chromalaun (s. d.); auch im Zeugdruck zur Fixation von chromziehenden Farben bzw. der Chromfarblacke.

Fluoride und Bifluoride.

Neben den Chloriden finden jüngst auch Fluoride in der Textilindustrie Verwendung, z. Th. noch versuchsweise. Freie Fluorwasserstoffsäure findet indessen keine Anwendung, obwohl sie in verdünnter Lösung der Seide einen grösseren Glanz zu verleihen im Stande sein soll.

Alkalibifluorid.

$$KF + HF \text{ und } NaF + HF.$$

Sie dürfen nicht zu viel fremde Säuren enthalten, ferner nicht zu viel Eisen und fremde Metalle.

Anwendung. Sie treten hauptsächlich als Konkurrenten gegen Weinstein und Kaliumbichromat auf. Es sind bis heute weder besonders günstige noch ungünstige Resultate bekannt geworden, indessen wird die Waare durch dieselben merklich (1—2 %) härter.

Fluorchrom.

$$Cr_2 F_6 + 8 \text{ aq} = 362{,}6.$$

Es soll etwa 42—43 % Chromoxyd enthalten, sei nicht zu sauer und möglichst eisenfrei (das Eisen ev. zu bestimmen wie bei Chlorchrom).

Anwendung. Im Kattundruck statt essigsauren Chroms (nicht konkurrenzfähig); in der Echtfärberei der Wolle zum Ansieden derselben (statt $K_2 Cr_2 O_7$): hier findet es seine Hauptverwendung. Das so entstehende Fluorchromschwarz soll nicht nachgrünen, während Chromkaliwaare nach grün verschiesst. Es darf jedoch nicht ohne Weiteres in Kupfergefässen damit gearbeitet werden, da dabei Fluorkupfer entsteht, das die Faser schwächt und müssen deshalb Holzgefässe mit Bleischlangen verwendet werden, oder es werden nach Kertész Zinkstreifen in das Kupfergefäss hineingehängt, wodurch das Kupfer unangegriffen bleibt.

Bei nachfolgendem Dämpfen ist die Anwendung des Fluorchroms ausgeschlossen.

Chromoxyfluorid

oder basisches Fluorchrom = Fluorchrom + Chromoxyd. Es ist hier der Chromgehalt und die Basicität wie bei Ferrisulfat zu bestimmen (siehe Ferrisulfat).

Anwendung wie bei Fluorchrom.

Fluorkupfer.

Ist als Oxydationsmittel für Anilinschwarz empfohlen worden, ev. zum Nachoxydiren des Anilinschwarz, es ist bis jetzt jedoch wenig angewendet.

Fluorantimon und Fluorwasserstoffsaures Anilin

sind gleichfalls empfohlen, ohne dass eine weitere Einführung dieser Produkte erfolgt ist. Letzteres wird besonders für Anilinschwarz auf Seide empfohlen.

Fluorantimondoppelsalze.

Antimonsalz: $Sb\,F_3 + (NH_4)_2\,SO_4$ enthält 47 % $Sb_2\,O_3$
Doppelantimonfluorid: $Sb\,F_3 + Na\,F$ -   66 % $Sb_2\,O_3$.

Diese Produkte sollen Ersatz für Brechweinstein liefern. Vor dem Gebrauch wird ihnen oft eine Spur Soda zugegeben, um Lackbildung zu beschleunigen (die Waare russt dann jedoch leichter ab).

In der Druckerei setzt man $^1/_5$—$^1/_6$ vom Gewicht des Antimonsalzes an Soda zu und giebt etwa 2—5 g Antimonsalz in 1 kg Masse.

Schwefelsäure.

$H_2\,SO_4 = 98$; in jedem Verhältniss (∞) in Wasser löslich.

Der Gehalt an Schwefelsäure wird hierin wie bei der Salzsäure aräometrisch oder titrimetrisch bestimmt. 25 g zu 1000 ccm gelöst und 50 ccm mit Normallauge titrirt; je 1 ccm Normalnatron $= 0,049$ g $H_2\,SO_4 = 0,04$ g SO_3. Bei hochgrädigen über 96 proc. Schwefelsäuren lässt die aräometrische Messung im Stich (s. Tabelle) und muss da titrirt werden, was übrigens — wenn es sich um genaue Werthe handelt — für alle Zwecke zuverlässiger ist. Neben dem Säuregehalt kann auf in der Schwefelsäure vorkommende Verunreinigungen geprüft werden: Natriumsulfat (Glührückstand), Gyps, Thonerde, Eisen, Blei, Arsen, Zink, Kupfer, Salzsäure, Salpetersäure, schweflige Säure. Der Glührückstand darf höchstens Zehntelprocente betragen. Auf schweflige Säure wird mit Jod (s. rauchende Schwefelsäure oder schwefligsaure Salze) geprüft.

Volumgewicht der **Schwefelsäure** bei + 15° (Kolb).

Grade Baumé	Vol.-Gew.	Procent SO₃	Procent H₂SO₄	Säure v. 60°B.	Säure v. 53°B.	SO₃	H₂SO₄	Säure v. 60°B.	Säure v. 53°B.
		100 Gew.-Theile enthalten				1 Liter enthält in kg			
0	1,000	0,7	0,9	1,2	1,3	0,007	0,009	0,012	0,013
1	1,007	1,5	1,9	2,4	2,8	0,015	0,019	0,024	0,028
2	1,014	2,3	2,8	3,6	4,2	0,023	0,028	0,036	0,042
3	1,022	3,1	3,8	4,9	5,7	0,032	0,039	0,050	0,058
4	1,029	3,9	4,8	6,1	7,2	0,040	0,049	0,063	0,074
5	1,037	4,7	5,8	7,4	8,7	0,049	0,060	0,077	0,090
6	1,045	5,6	6,8	8,7	10,2	0,059	0,071	0,091	0,107
7	1,052	6,4	7,8	10,0	11,7	0,067	0,082	0,105	0,123
8	1,060	7,2	8,8	11,3	13,1	0,076	0,093	0,120	0,139
9	1,067	8,0	9,8	12,6	14,6	0,085	0,105	0,134	0,156
10	1,075	8,8	10,8	13,8	16,1	0,095	0,116	0,148	0,173
11	1,083	9,7	11,9	15,2	17,8	0,105	0,129	0,165	0,193
12	1,091	10,6	13,0	16,7	19,4	0,116	0,142	0,182	0,211
13	1,100	11,5	14,1	18,1	21,0	0,126	0,155	0,199	0,231
14	1,108	12,4	15,2	19,5	22,7	0,137	0,168	0,216	0,251
15	1,116	13,2	16,2	20,7	24,2	0,147	0,181	0,231	0,270
16	1,125	14,1	17,3	22,2	25,8	0,159	0,195	0,250	0,290
17	1,134	15,1	18,5	23,7	27,6	0,172	0,210	0,269	0,313
18	1,142	16,0	19,6	25,1	29,2	0,183	0,224	0,287	0,333
19	1,152	17,0	20,8	26,6	31,0	0,196	0,233	0,306	0,357
20	1,162	18,0	22,2	28,4	33,1	0,209	0,258	0,330	0,385
21	1,171	19,0	23,3	29,8	34,8	0,222	0,273	0,349	0,407
22	1,180	20,0	24,5	31,4	36,6	0,236	0,289	0,370	0,432
23	1,190	21,1	25,8	33,0	38,5	0,251	0,307	0,393	0,458
24	1,200	22,1	27,1	34,7	40,5	0,265	0,325	0,416	0,486
25	1,210	23,2	28,4	36,4	42,4	0,281	0,344	0,440	0,513
26	1,220	24,2	29,6	37,9	44,2	0,295	0,361	0,465	0,539
27	1,231	25,3	31,0	39,7	46,3	0,311	0,382	0,489	0,570
28	1,241	26,3	32,2	41,2	48,1	0,326	0,400	0,511	0,597
29	1,252	27,3	33,4	42,8	49,9	0,342	0,418	0,536	0,625
30	1,263	28,3	34,7	44,4	51,8	0,357	0,438	0,561	0,654
31	1,274	29,4	36,0	46,1	53,7	0,374	0,459	0,587	0,684
32	1,285	30,5	37,4	47,9	55,8	0,392	0,481	0,616	0,717
33	1,297	31,7	38,8	49,7	57,9	0,411	0,503	0,645	0,751
34	1,308	32,8	40,2	51,1	60,0	0,429	0,526	0,674	0,785
35	1,320	33,8	41,6	53,3	62,2	0,447	0,549	0,704	0,820
36	1,332	35,1	43,0	55,1	64,2	0,468	0,573	0,734	0,856
37	1,345	36,2	44,4	56,9	66,3	0,487	0,597	0,765	0,892
38	1,357	37,2	45,5	58,3	67,9	0,505	0,617	0,791	0,921
39	1,370	38,3	46,9	60,0	70,0	0,525	0,642	0,822	0,959
40	1,383	39,5	48,3	61,9	72,1	0,546	0,668	0,856	0,997
41	1,397	40,7	49,8	63,8	74,3	0,569	0,696	0,891	1,038
42	1,410	41,8	51,2	65,6	76,4	0,589	0,722	0,925	1,077
43	1,424	42,9	52,8	67,4	78,5	0,611	0,749	0,960	1,108
44	1,438	44,1	54,0	69,1	80,6	0,634	0,777	0,994	1,159
45	1,453	45,2	55,4	70,9	82,7	0,657	0,805	1,030	1,202

Grade Baumé	Vol.-Gew.	100 Gew.-Theile enthalten				1 Liter enthält in kg			
		Procent SO_3	Procent H_2SO_4	Säure v. 60° B.	Säure v. 53° B.	SO_3	H_2SO_4	Säure v. 60° B	Säure v. 53° B.
46	1,468	46,4	56,9	72,9	84,9	0,681	0,835	1,070	1,246
47	1,483	47,6	58,3	74,7	87,0	0,706	0,864	1,108	1,290
48	1,498	48,7	59,6	76,3	89,0	0,730	0,893	1,143	1,330
49	1,514	49,8	61,0	78,1	91,0	0,754	0,923	1,182	1,378
50	1,530	51,0	62,5	80,0	93,3	0,780	0,956	1,224	1,427
51	1,540	52,2	64,0	82,0	95,5	0,807	0,990	1,268	1,477
52	1,563	53,5	65,5	83,9	97,8	0,836	1,024	1,311	1,529
53	1,580	54,9	67,0	85,8	100,0	0,867	1,059	1,355	1,580
54	1,597	56,0	68,6	87,8	102,4	0,894	1,095	1,402	1,636
55	1,615	57,1	70,0	89,6	104,5	0,922	1,131	1,447	1,688
56	1,634	58,4	71,6	91,7	106,9	0,954	1,170	1,499	1,747
57	1,652	59,7	73,2	93,7	109,2	0,986	1,210	1,548	1,804
58	1,672	61,0	74,7	95,7	111,5	1,019	1,248	1,599	1,863
59	1,691	62,4	76,4	97,8	114,0	1,055	1,292	1,654	1,928
60	1,711	63,8	78,1	100,0	116,6	1,092	1,336	1,711	1,995
61	1,732	65.2	79,0	102,3	119,2	1,129	1,384	1,772	2,065
62	1,753	66,7	81,7	104,6	121,9	1,169	1,432	1,838	2,137
63	1,774	68,7	84,1	107,7	125,5	1,219	1,492	1,911	2,226
64	1,796	70,6	86,5	110,8	129,1	1,268	1,554	1,990	2,319
65	1,819	73,2	89,7	114,8	138,8	1,332	1,632	2,088	2,434
66	1,842	81,6	100,0	128,0	149,3	1,503	1,842	2,358	2,750

Für Schwefelsäure mit mehr als 90 % H_2SO_4 sind die Bestimmungen von Kolb unzuverlässig.

Volumgewichte höchst koncentrirter *Schwefelsäure* bei 15°
(Lunge und Naef).

Proc. H_2SO_4	Vol.-Gew.	Grade Baumè	Proc. H_2SO_4	Vol.-Gew.	Grade Baumé
90	1,8185	65,1	*95,97	1,8406	
*90,20	1,8195		96	1,8406	66,0
91	1,8241	65,4	97	1,8410	
*91,48	1,8271		*97,70	1,8413	
92	1,8294	65,6	98	1,8412	
*92,83	1,8334		*98,39	1,8406	
93	1,8339	65,8	*98,66	1,8409	
94	1,8372	65,9	99	1,8403	
*94,84	1,8387		*99,47	1,8395	
95	1,8390	66,0	*100,00	1,8384	

Die mit * bezeichneten Werthe sind direkt beobachtet, die anderen sind interpolirt. Die Werthe beziehen sich auf chemisch reine Säure; bei Schwefelsäure des Handels sind die spec. Gewichte der höchsten Koncentrationen höher.

Anwendung. In sehr grossem Maassstabe gebraucht. Zum Färben der Wolle in saurem Bade, der Seide in gebrochenem Bastseifenbade (einige Farbstoffe, z. B. Eosin, vertragen keine Schwefelsäure, und muss da Essigsäure angewendet werden); zum Abziehen des Farblacks von der Faser; zum Karbonisiren der losen Wolle (2—5° Bé.); in der Baumwollbleiche statt Salzsäure, die oft eisen- und chlorhaltig ist; zum Abziehen der mit Indigo gefärbten Waare; in der Druckerei zur Entfernung des Schutzpapps; zur Bereitung des Türkischrothöls (Sulfoleat); mit Natriumsulfat zusammen als „Weinsteinpräparat" ($NaHSO_4$); bei der Indigokarminbereitung (anhydridhaltige Säure); beim Ansieden der Wolle mit Kaliumbichromat und Schwefelsäure; zum Reinigen der kupfernen Kessel etc. etc.

Rauchende Schwefelsäure oder Oleum.

$$H_2SO_4 + \text{(wechselnde Mengen von) } SO_3.$$

Es ist eine Lösung von Schwefelsäureanhydrid in Schwefelsäurehydrat. Sie wird nach dem Gehalt an freiem Anhydrid bezahlt und ist dieses bei der Untersuchung der Ausschlag gebende Faktor. Ausserdem muss etwaige schweflige Säure mit titrirter Jodlösung bestimmt und von der Gesammtsäure in Abzug gebracht werden. Sämmtliche in der Litteratur bekannten Methoden zur Bestimmung des Oleums (Clar und Gaier, Chem. Ind. 4, 251; Lunge, Taschenbuch 1883, 119; Winkler etc.) sind für die Technik nicht rasch und bequem genug. Folgende Methode giebt bei dem raschesten und sichersten Arbeiten und leichter Ausführung zugleich die genauesten Resultate. Ein gewöhnliches dünnwandiges trockenes Reagensglas (ca. 18 mm breit) wird ca. 4 cm vom Boden zu einer 3—4 cm langen Kapillare ausgezogen, gewogen und mit der Kapillare in gut durchgeschütteltes Oleum getaucht, welches sich am besten in einer enghalsigen Flasche befindet. Dann wird der obere Theil des Reagensglases mit einem Bunsenbrenner erhitzt, bis sich durch Luftverdrängung ein genügend grosses Vakuum gebildet, um beim Erkalten 8—10 g Oleum aufzunehmen. Die Kapillare wird alsdann sofort zugeschmolzen, das Glas abgeputzt, wieder gewogen und in eine dickwandige ca. 200—300 ccm Wasser haltende Literflasche mit eingeschliffenem Stöpsel gebracht. Hier wird das Gläschen durch Schütteln zertrümmert (Kühlung!) und der die Flasche anfangs erfüllende Anhydriddampf in wenigen Minuten vom Wasser absorbirt. Ist dieses geschehen und die Flasche abgekühlt, so wird vermittelst eines Trichters von den Scherben getrennt, auf 1000 ccm aufgefüllt und 250 ccm mit Normallauge titrirt.

Beispiel: 9,7104 g Oleum, 250 ccm verbrauchen 52,38 ccm Normallauge; $52,38 \times 0,04 \times 4 = 8,3808$ g SO_3 in 9,7104 g Oleum $= 86,3\%$ SO_3, demnach $100 - 86,3 = 13,7\%$ Wasser, das jedoch an SO_3 gebunden ist. 13,7 Wasser entsprechen $13,7 \cdot 4,44 = 60,82\%$ an Wasser gebundenem Schwefelsäureanhydrid, also ist $86,3 - 60,82 = 25,48\%$ SO_3 als Anhydrid vorhanden.

Finden wir weiter bei der Titration der schwefligen Säure mit Jod 0,16 % SO_2, so bleiben (da $0,16$ $SO_2 = 0,20$ SO_3) $25,48 - 0,20 = 25,28\%$ SO_3 als reines Anhydrid.

Anwendung. Zum Auflösen von Indigo zu Indigokarmin; zur Herstellung von Türkischrothölen und Olivenölemulsionen in der Souple-Färberei.

Sulfate.

Die Sulfate sind häufig durch Chloride, Sand, freie Säuren, Karbonate, Eisen und andere Metalle erschwert bzw. verunreinigt. Bei der Allgemeinbeurtheilung derselben kommt es wie bei den Chloriden auch auf Trockenheit, Klarlöslichkeit und Neutralität an. Die wichtigsten werden speciell besprochen.

Natriumsulfat, Glaubersalz.

$Na_2 SO_4 + 10$ aq $= 322$; L. k. W. $= 5 : 100$; h. W. $= 42,5 : 100$.

Ist oft mit Chlornatrium verunreinigt.

Anwendung in der Wollfärberei meist zusammen mit Schwefelsäure oder als Bisulfat des Handels („Weinsteinpräparat“). Es bewirkt ein gleichmässigeres Aufgehen des Farbstoffs auf die Faser.

Natriumbisulfat, Weinsteinpräparat.

$Na H SO_4 + $ aq $= 138$; in Wasser sehr löslich.

Die Basicität kann durch Titration mit Normalnatron bestimmt werden. 1 ccm Normalnatron $= 0,138$ g $Na H SO_4 + $ aq.

Anwendung wie bei Natriumsulfat meist nur in der Wollfärberei, weniger bei Seide.

Calciumsulfat, Gyps.

$Ca\,SO_4 + 2\,aq = 172$; L. k. W. $= 1 : 490$; h. W. $= 1 : 460$.

Ist oft mit Karbonat und Alkalisulfat und -Chlorid verunreinigt.

Anwendung beim Appretiren bzw. Erschweren der Waare.

Wasserfreien Gyps nennt man auch „Anhydrid".

Magnesiumsulfat, Bittersalz.

$Mg\,SO_4 + 7\,aq = 246$; L. k. W. $= 26 : 100$; h. W. $= 71{,}5 : 100$.

Enthält oft Chloride und fremde Metalle (Alkali).

Anwendung. Fast ausschliesslich in der Appretur; es darf davon ohne Schaden das 4—6fache wie an Magnesiumchlorid, zugesetzt werden; es macht das Zeug dicker, feuchter und weicher.

Dieses Salz wird auch als Verfälschungsmittel zu Zinnsalz und Tannin (s. diese) zugegeben.

Bleisulfat.

$Pb\,SO_4 = 302$; L. k. W. $= 1 : 22\,800$; h. W. sehr wenig.

Kommt als Paste in den Handel und ist oft durch Baryumsulfat und Gyps verunreinigt.

Anwendung in der Blaudruckerei.

Eisensulfat, Eisenvitriol, „Vitril".

$Fe\,SO_4 + 7\,aq = 278$; L. k. W. $= 60 : 100$; h. W. $= 333 : 100$. — $25{,}9\,\%\,Fe\,O$.

Das Eisensulfat kommt meist rein in den Handel. Als Verunreinigung enthält es mehr oder weniger Eisenoxyd, Kalk, Chlor, freie Schwefelsäure, bisweilen auch Kupfer, Zink, Alaun. Kupfer ist besonders für die Alizarinfarben schädlich, auch Zink und Thonerde sind zu vermeiden. Je nach der Verwendung ist ein höherer oder geringerer Grad der Oxydation zugelassen und gewünscht. Thonerde wird nachgewiesen durch Ausfällen des Eisens (nach vorhergegangener Oxydation mit Salpetersäure oder Bromwasser) mit überschüssiger Natronlauge in Siedehitze. Die Thonerde bleibt gelöst und wird im Filtrat durch Zusatz von überschüssigem Chlorammonium (oder Salzsäure bis zur sauren und dann Ammoniak bis zur alkalischen Reaktion) wieder als Hydrat ausgefällt.

Der Werth wird natürlich in erster Reihe durch den Gesammteisen- und Oxydulgehalt bestimmt.

Gesammteisen. Dieses wird entweder gewichtsanalytisch durch Ausfällen der oxydirten Lösung mit Ammoniak, Filtriren und Glühen (Fe_2O_3) oder titrimetrisch bestimmt, wie unter Ferrisulfat ausführlich besprochen (s. Ferrisulfat).

Eisenoxydul. a) Das Oxydul wird durch direkte Titration mit Permanganat bestimmt. 50 g werden zu 1000 ccm gelöst und 50 ccm der Lösung unter Zusatz von ca. 20 ccm Schwefelsäure (1 : 3) mit $^1/_5$ norm. Chamäleon titrirt. Je 1 ccm $^1/_5$ norm. Chamäleon $= 0{,}0144$ g $Fe\,O = 0{,}0566$ g $Fe\,SO_4 + 7$ aq.

b) Ausser dieser Permanganatmethode kann auch mit Bichromatlösung titrirt werden. Es ist dieses die umgekehrte Chromsäuretitration (siehe Kaliumbichromat) mit Ferrosalz. 1 ccm $\dfrac{n}{10}$ Kaliumbichromatlösung $= 0{,}0072$ g $Fe\,O$ oder $0{,}0278$ g $Fe\,SO_4 + 7$ aq.

Die Differenz von Gesammteisen und Oxydul $=$ Oxyd. 1 ccm $^1/_5$ norm. Chamäleon $= 0{,}016$ g Fe_2O_3.

Anwendung sehr ausgedehnt. In der Indigoblaufärberei (1 Th. Indigo, $3^1/_2$—4 Th. Eisenvitriol, 4 Th. Kalk), in der Baumwollschwarzfärberei, in der Souple-Färberei, Wollschwarzfärberei, für Eisenchamois. Es kommt oft mit Kupfervitriol zusammen in den Handel: „Salzburger Vitriol", „Adlervitriol", „Doppeladlervitriol" $= 75\%$ $Fe\,SO_4 + 25\%$ $Cu\,SO_4$, „Admonter Vitriol" $= 80$ bis 83% $Fe\,SO_4 + 17$—20% $Cu\,SO_4$.

Thonerdesulfat, Aluminiumsulfat.

$Al_2(SO_4)_3 + 18$ aq $= 664{,}8$; L. k. W. $= 85 : 100$; h. W. $= 1130 : 100$.

Als Verunreinigungen kommen vor: Eisen, Zink, Kupfer, Blei, Chrom, Alkalien, Halogen, freie Schwefelsäure.

Thonerde kann bestimmt werden, indem 25 : 1000 gelöst werden und man in 50 ccm die Thonerde mit Ammoniak und Chlorammonium (nahe der Siedehitze) erwärmt, bis das meiste Ammoniak verschwunden ist. Jedoch muss die Lösung noch deutlich alkalisch reagiren. Der Niederschlag wird filtrirt, getrocknet, geglüht und als Al_2O_3 gewogen und berechnet. — In dem Glührückstand kann **Eisen** kolorimetrisch bestimmt und von der Thonerde in Abzug gebracht werden.

Die **Basicität** kann wie bei Ferrisulfat (s. d.) bestimmt werden.

Freie Schwefelsäure wird durch Tropäolin 00 nachgewiesen. Watson-Smith (Journ. Soc. Dyers & Co. 1884, 35) empfiehlt dazu das Ferriacetat, das bei Gegenwart von Mineralsäurespuren die rothe Farbe verliert.

Annähernd kann ausserdem die freie Säure durch Titration eines alkoholischen Extraktes des Sulfates mit $\dfrac{n}{10}$ Alkali und Phenolphtaleïn bestimmt werden.

Die genaueste Methode ist die von Beilstein und Grosset (Zeitschr. für analyt. Chem. 1890, 77): 1—2 g Sulfat wird in 5 ccm Wasser gelöst, mit 15 ccm einer neutralen, kalt gesättigten Lösung von Ammoniumsulfat versetzt und während 15 Min. gerührt; alsdann werden 50 ccm Alkohol von 95 % zugesetzt, wobei sämmtliches Thonerdesulfat als Ammoniakalaun ausfällt, während die Schwefelsäure in Lösung bleibt. Es wird filtrirt — event. aliquoter Theil — auf dem Wasserbade verdunstet, mit Wasser aufgenommen und mit $^{1}/_{10}$ norm. Natronlauge und Phenolphtaleïn titrirt.

Eisen kann mit Ferro- und Ferricyankalium, Tannin, Rhodankalium etc. nachgewiesen und kolorimetrisch bestimmt werden. Eine ausführliche Untersuchung über die Zulässigkeit des Eisengehaltes in schwefelsaurer Thonerde ist von H. v. Kéler ausgeführt worden. Darnach darf ein Thonerdesulfat für die Türkischrothfärberei nicht mehr wie 0,001 % Gesammteisen enthalten. Ein Mehrgehalt wirkt schädlich, dabei sind Oxydsalze gefährlicher wie Oxydulsalze. In der Kattundruckerei darf dagegen der Eisengehalt bis zu 0,00524 % gehen. Ein Mehrgehalt könnte schaden. Zinksalze sind immer schädlich.

Anwendung sehr ausgedehnt als Beize in der Färberei und Druckerei, als Wasserdichtmachungsmittel etc. Für Baumwolle meist als basisches Salz (1 k norm. Salz + 160 g kalc. Soda) mit nachträglicher Fixation (Ammoniak, Ammonkarbonat, Natronphosphat-, arsenat, -silikat, Seife, Türkischrothöl); für Wolle kalt bis heiss als normales Salz mit Weinstein (4 : 3); für Seide normales und basisches Salz, in dessen Lösung Waare kalt 12—24 Stunden eingelegt wird. S. a. Alaune.

Ferrisulfat, salpetersaures Eisen, Rouille, Eisenbeize, Schwarzbeize.

$$Fe_2(OH)_2(SO_4)_2 \text{ bis } Fe_4(OH)_2(SO_4)_5.$$

Die Eisenbeize ist für die meisten Zwecke am besten, wenn ihre Zusammensetzung der Verbindung $Fe_8(OH)_6(SO_4)_9$ entspricht, d. h. wenn $SO_3 : Fe_2O_3 = 1 : 1,125$. In der Regel ist sie jedoch saurer. Es ist in einem rationellen Betriebe darauf zu sehen, dass die Basicität stets möglichst dieselbe ist, wie überhaupt die Basicität von der grössten Wichtigkeit für die Beize ist.

Einige Werthe der Handelswaare:

	Fe_2O_3	SO_3	FeO	$Cl.N_2O_5$	$SO_3 : Fe_2O_3 =$
I.	18,4 %	22,0 %	0,4 %	Spur.	1 : 1,2
II.	19,4 -	23,3 -	0,25 -	-	1 : 1,2
III.	21,7 -	25,0 -	0,30 -	-	1 : 1,15
IV.	21,16 -	24,23 -	0,35 -	-	1 : 1,14.

Ist die Beize zu basisch, so leidet die Waare und die Beize scheidet leicht Niederschläge ab, ist sie zu sauer, so wird zu wenig Eisenoxyd fixirt. Indes differiren bisweilen die Ansprüche der Konsumenten.

Eine Gesammtuntersuchung würde sich ähnlich gestalten, wie bei Chlorzinn und aus folgenden Bestimmungen bestehen:

Spec. Gewicht (Piknometer, Aräometer), Eisenoxydul, Gesammteisen und Eisenoxyd, Gesammtsäure, Schwefelsäure, Chlor, Salpetersäure, Alkalien etc.

Das spec. Gewicht wird mit einem 50 ccm-Piknometer ermittelt und diese 50 ccm zu 1 l aufgefüllt.

Eisenoxydul. 200 ccm dieser Lösung werden nach dem Ansäuern mit H_2SO_4 mit $^1/_5$ norm. Chamäleonlösung titrirt. Je 1 ccm $^1/_5$ norm. Cham. $= 0,0144$ g $FeO = 0,0112$ g Fe.

Gesammteisen und daraus Eisenoxyd. a) 20 ccm der Lösung werden mit ca. 20 g Zink (granul. oder in Stäbchen) und einem Ueberschuss von Schwefelsäure reducirt, bis keine Reaktion mehr mit Rhodankalium erhalten wird. Die Reduktion wird in einem Kölbchen mit Bunsen'schem Ventil vorgenommen. Alsdann wird vom ungelösten Zink abgegossen, mit Schwefelsäure versetzt und mit $^1/_5$ normal. Kaliumpermanganat titrirt. Das ungelöste Zink wird zurückgewogen und für das verbrauchte, d. h. gelöste Zink der Chamäleonverbrauch in Abzug gebracht. (Dieser wird in einem separaten Theil mit etwa 50—100 g Zink — in Schwefelsäure gelöst — ein für allemal für das betreffende Zink bestimmt.) Die Differenz von Gesammteisen und Eisenoxydul = Eisenoxyd; z. B. je 7 g Zink, in H_2SO_4 gelöst, verbrauchen 0,1 ccm $^1/_5$ norm. Chamäleon; verbraucht sind 14 g Zink (= 0,2 ccm $^1/_5$ Chamäleon), bei der Titration wurden verbraucht 20,55 ccm Chamäleon, davon gehen ab 0,2 ccm für Zink = 20,55 — 0,2 = 20,35; 20,35 . 0,016 = 0,3356 g Fe_2O_3 in 10 ccm (spec. Gew. = 1,53834); demnach 1,53834:0,3356 = 100 : x = 21,16% F_2O_3. Wird das vorher gefundene Oxydul abgezogen, so erhält man den Oxydgehalt.

b) Das Gesammteisen kann auch gewichtsanalytisch durch Fällen von 20 ccm der Lösung mit Ammoniak bestimmt werden. Es wird andauernd nahe der Siedetemperatur erhitzt, bis der Geruch nach Ammoniak nur noch schwach ist, filtrirt, geglüht und so als Fe_2O_3 erhalten. Ist Oxydul enthalten — was meist der Fall ist —, so wird erst mit ein paar Tropfen verdünnter Salpetersäure oxydirt und dann erst gefällt.

Gesammtsäure. a) 100 ccm der Lösung werden in einem 500 ccm-Kolben mit 60—70 ccm Normal-Sodalösung (oder auch Normalammoniak) zersetzt, gekocht, erkalten lassen, auf 500 ccm gebracht und ein aliquoter Theil (250 ccm) filtrirt. Der Ueberschuss der anfangs zugesetzten Sodalösung wird nun durch Titration mit Normal-Schwefelsäure und Methylorange bestimmt. Aus dem Ueberschuss ergiebt sich der Verbrauch. Je 1 ccm Normal-Soda (oder Ammoniak) = 0,040 g SO_3.

Beispiel: 100 ccm Lös. + 60 ccm norm. Soda : 500; 200 ccm verbr. = 4,525 ccm norm. Schwefelsäure; 200 : 4,525 = 500 : x; x = 11,31, 60 — 11,31 = 48,69 ccm norm. Soda verbr. 48,69 . 0,04 = 1,9476 g SO_3. 100 ccm Lös. entsprechen 7,7906 g Beize; 7,7906 : 1,9476 = 100 : x; x = 25,00 % SO_3.

b) Einfacher wird die Gesammtsäure wie folgt bestimmt. 50 ccm der Lösung werden mit viel heissem Wasser zersetzt, noch einige Zeit bis zur vollständigen Zersetzung erhitzt (auf dem Wasserbade oder über freier Flamme nahe der Siedehitze) und dann diese zersetzte Lösung direkt, ohne zu filtriren, mit Normalnatron und Phenolphtaleïn als Indikator titrirt. Ein direktes Titriren ist hier im Gegensatz zu Chlorzinn bzw. Zinnsalzen etc. zulässig, weil überschüssiges Natron keinen Einfluss auf das Eisen-

4*

oxydhydrat hat. Die Methode ist genau. (Es wird, wenn das Ende der Titration nahe ist, von Zeit zu Zeit einen Augenblick absitzen lassen und an der darüberstehenden Flüssigkeitsschicht gesehen, ob alle Säure neutralisirt ist oder nicht, bzw. ob sie schon eben rosa gefärbt ist oder noch farblos ist.) 1 ccm norm. Natron = 0,04 g SO_3.

Schwefelsäure. Handelt es sich darum, den Schwefelsäuregehalt als solchen und nicht nur die Gesammtsäure zu kennen, so wird in 10 ccm der Lösung die Schwefelsäure mit Baryumchlorid gefällt und nach bekannten Principien als Baryumsulfat bestimmt. Die gefundene Menge Baryumsulfat multiplicirt mit 0,34334 giebt den Gehalt an SO_3 an. Die Differenz zwischen der Gesammtsäure und der Schwefelsäure ist auf Kosten fremder Säuren (Salzsäure, Salpetersäure, Sulfate) in Rechnung zu bringen. Je weniger dieser fremden Säuren vorhanden, desto besser ist es. Die Differenz darf bei einer guten Beize 1% nicht wesentlich übersteigen.

Salzsäure könnte ebenfalls in bekannter Weise mit Silber bestimmt werden, doch ist dieses nur selten von Interesse.

Salpetersäure — die fast immer in deutlich nachweisbaren Mengen vorhanden ist — kann so wie im Wasser mit Indigolösung titrirt oder gasometrisch bestimmt werden.

Technischer Versuch. Bei Eisenbeize ist ein technischer Versuch oft sehr wesentlich. Ein solcher technischer Versuch kann mit Baumwolle oder Seide ausgeführt werden. Es werden z. B. mehrere Strähnchen Baumwolle à 10 g gut genetzt und zusammen in einer Abkochung von Tannin, Sumach etc. 1 Stunde umgezogen, dann herausgenommen, abgewunden und nebeneinander in verdünnten Lösungen der zu prüfenden Muster (ca. 5 ccm in 250 ccm Wasser) oder eines Gegenmusters von bekannter Brauchbarkeit umgearbeitet; nach 20—30 Min. werden sie herausgenommen, gut gespült, getrocknet und verglichen. — Auch können sie mit Blauholz ausgefärbt werden. — Bei Seide wird vor- und nachher gewogen, um die Menge des fixirten Eisenoxydes zu bestimmen. Je mehr Eisen auf der Faser fixirt wird, desto besser ist die Beize bei sonst gleichen Eigenschaften. Man beizt die gewogene Seide (möglichst viel) eine Stunde in einer 30° B. starken Lösung, wäscht gut, behandelt mit 50° warmem Wasser und darauf mit kochender Marseiller Seife; wäscht, trocknet bei gewöhnlicher Temperatur und wägt.

Anwendung. Die Eisenbeize kommt meist 50—60° B. stark in den Handel und wird hauptsächlich in der Seidenschwarzfärberei als Erschwerung und Untergrund für Berliner Blau benutzt (30° B.); desgleichen wird sie auch in Baumwollschwarzfärbereien etc., beim Drucken des sogen. „Färberschwarz" gebraucht, welch letzteres in jüngster Zeit allerdings vielfach durch Anilinschwarz verdrängt ist.

Kupfervitriol, Kupfersulfat, Blaustein.

$$Cu\,SO_4 + 5\,aq = 249{,}5; \quad L.\,k.\,W. = 40:100; \quad h.\,W. = 203:100.$$
$$25\%\;Cu.$$

Bei Kupfersulfat ist der Gehalt an diesem maassgebend; ausserdem sei es in Wasser möglichst klar löslich, enthalte nicht zu viel Eisen, Kalk und Alkalisalze (ev. auch Zink).

25 g werden zu 1000 ccm gelöst.

Schwefelsäure. 25 ccm werden nach dem Ansäuern mit Salzsäure mit Baryumchlorid gefällt, als Baryumsulfat bestimmt und als Schwefelsäure berechnet.

Kupfer. 25 ccm werden mit Schwefelsäure angesäuert und mit Schwefelwasserstoff als Sulfid gefällt.

a) Das Sulfid wird entweder im Rose'schen Tiegel mit feinem präcipitirten Schwefel im Wasserstoffstrom bis zur Konstanz geglüht und so als Kupfersulfür ($Cu_2\,S$) erhalten;

b) oder das Sulfid wird geröstet, mit Salpetersäure befeuchtet und bis zur Konstanz geglüht, wobei es quantitativ in Kupferoxyd ($Cu\,O$) übergeht;

c) oder es werden 25 ccm der Lösung mit Natronhydrat gefällt, einige Zeit gekocht, filtrirt (lange und gut dekantirt) und gewaschen, bis das Filtrat neutral reagirt, alsdann getrocknet und geglüht und als Kupferoxyd ($Cu\,O$) erhalten und gewogen.

$$79{,}3\;Cu\,O = 79{,}3\;Cu_2\,S = 63{,}3\;Cu = 249{,}3\;Cu\,SO_4 + 5\,aq.$$

d) Oder das Kupfer wird nach einer der vielen titrimetrischen Analysen bestimmt (s. Fresenius, Quant. An. I. 335 ff.) Als die beste aber wenig bekannte Methode muss die Volhard-Henriques'sche angegesehen werden, da sie schnell und leicht ausführbar, sehr genau ist und keiner besonderen Lösungen etc. bedarf. 30 g Kupfersulfat werden in 500 ccm Wasser gelöst, 5 ccm der Lösung stark mit schwefliger Säure versetzt (in einem 100 ccm-Kölbchen) und 20 ccm $^1/_{10}$-Normalrhodanammonium zugesetzt, auf 100 ccm aufgefüllt, gut geschüttelt, filtrirt und 50 ccm des Filtrates mit 10 ccm $^1/_{10}$-Normal-silbernitratlösung versetzt (= Ueberschuss); alsdann wird mit Salpetersäure angesäuert, mit Eisenalaun (als Indikator) versetzt und mit $^1/_{10}$-Normalrhodanammmoniumlösung bis zur beginnenden Rothfärbung zurücktitrirt.

Berechnung. Es seien z. B. zum Zurücktitriren der überschüssigen Silberlösung 5,6 ccm $^1/_{10}$ norm. Rhod.-Lösung gebraucht, dann sind in 2,5 ccm der Originallösung enthalten =

$$\begin{cases} 5{,}6 \times 0{,}00794 \text{ g } Cu \\ 5{,}6 \times 0{,}012475 \text{ g } Cu\,SO_4 + 5\text{ aq} \end{cases}$$

woraus sich der Procentgehalt berechnet.

Eisenbestimmung. 200 ccm der Lösung werden mit ein paar Tropfen Salpetersäure oxydirt und mit überschüssigem Ammoniak gefällt. Kupfer geht in Lösung, das Eisen fällt aus, es wird filtrirt event. nochmals gelöst und gefällt, geglüht und als Eisenoxyd ($Fe_2\,O_3$) gewogen oder kolorimetrisch gemessen.

Anwendung. Als „Adlervitriol" etc. siehe unter Eisensulfat. Zu Oxydationszwecken bei Anilinschwarz (auch das Kupfersulfid angewendet, das aus Sulfat bereitet wird); bei der Katechubraun-färberei (auf 100 Th. Katechou bis zu 25 Th. Kupfersulfat; beim „Aufsatzblau" ($^1/_3$ $Cu\,SO_4 + {}^2/_3$ Alaun), für „Jägergrün", beim Blausteinschwarz für Wolle; zum Nachkupfern vieler direkt färbenden Farbstoffe wie Benzoazurin zwecks Erhöhung der Lichtechtheit; beim „Chromschwarz" ($^1/_2$ % $K_2\,Cr_2\,O_7 + 1$ % $Cu\,SO_4 + $ aq oder 2 % $K_2\,Cr_2\,O_7 + 1^1/_2$ % $Cu\,SO_4 + 5$ aq) etc. etc.

Alaune.

Kalialaun, $K_2\,SO_4 + Al_2\,(SO_4)_3 + 24$ aq $= 948$; L. k. W. $= 9{,}5 : 100$; h. W. $= 357 : 100$.

Natronalaun, $Na_2\,SO_4 + Al_2\,(SO_4)_3 + 24$ aq $= 917$; L. k. W. $= 110 : 100$; h. W. sehr löslich.

Ammoniakalaun, $(N\,H_4)_2\,SO_4 + Al_2\,(SO_4)_3 + 24$ aq $= 904{,}4$; L. k. W. $= 9 : 100$; h. W. $= 422 : 100$.

Eisenalaun, $Fe_2\,(SO_4)_3 + K_2\,SO_4 + 24$ aq $= 1006{,}5$; L. k. W. $= 20 : 100$; h. W. sehr löslich.

Chromalaun, $Cr_2\,(SO_4)_3 + K_2\,SO_4 + 24$ aq $= 999$; L. k. W. $20 : 100$; h. W. $= 50 : 100$. — $13{,}5$ % $Cr_2\,O_3$.

Die Alaune finden in der Textilindustrie ausgedehnte Verwendung. Sie sind meist recht rein im Handel. Bei deren Untersuchung und Beurtheilung kann auf Folgendes Rücksicht genommen werden. Beim Kali- und Natronalaun ist in erster Linie der Thonerdegehalt von Wichtigkeit, ferner kann auf Wasser event. freie Schwefelsäure (wie bei Thonerdesulfat zu untersuchen s. d.) und auf Eisen geprüft werden. Das Gleiche ist vom Ammoniakalaun zu sagen. Beim Eisenalaun vertritt Eisen, beim Chromalaun das Chrom die Stelle der Thonerde und sind deshalb diese beiden (Eisen und Chrom) aufschlussgebend über die Reinheit des Produktes. Der Eisenalaun enthalte ferner kein oder nur wenig Eisenoxydul (Prüfung und Bestimmung wie bei Ferrisulfat). Der Chromalaun, der meist als basisches Sulfat in Anwendung kommt $[Cr_2 (SO_4)_2 (OH)_2]$, enthält häufig theerige Bestandtheile, Gyps und Natriumsulfat, auf deren möglichstes Fehlen gedrungen werden muss. Das Chromoxyd in demselben wird durch Fällen des Chroms mit Ammoniak ausgeführt. Bei intensiver Eisenreaktion muss das Chrom vom Eisen getrennt bestimmt werden. — Im Uebrigen ist eine genauere Untersuchung ebenso auszuführen, wie bei den entsprechenden Sulfaten.

Anwendung. Sehr verbreitet. Beim Färben mit einigen Farbstoffen wie Viktoriablau ($3—5\,^0/_0$ Alaun + Essigsäure) etc.; in der Alizarinfärberei als Beize; in der Wollfärberei als Ansud (7 bis $10\,^0/_0$ Alaun + $1\,^0/_0$ Zinnsalz) durch Kaliumbichromat fast verdrängt; in der Cochenillefärberei ($10 - 12\,^0/_0$ Alaun + $2—3\,^0/_0$ Weinstein); in der Flanellfärberei mit Ponceau ausgefärbt (Konkurrent der Kochenille): $^1/_2—1\,^0/_0$ Alaun + Ponceau + Spur Chlorzinn; bei Eosin auf Wolle (Alaun giebt sehr lebhaften Eosinlack), bei Wasserblau; in der Türkischrothfärberei (hier muss Alaun völlig eisenfrei, bzw. höchstens $0,001\,^0/_0$ enthalten, 1^0 B. bis $5—8^0$ B. starke Lösungen als Beize); bei Indoïnblau; in der Wolldruckerei (Alizarinorange, Alizarinroth).

Eisenalaun ist wenig gebraucht. Als Ansud für Wollschwarz, event. auch für Alizarine brauchbar.

Chromalaun wird gleichfalls selten gebraucht. Hauptsächlich dient es als Ausgangsprodukt für andere Chromsalze, z. B. für essigsaures Chrom, Chromchlorid etc. Es ist ferner zum Ansieden von Wolle empfohlen worden, hat sich aber nicht eingeführt, weil es das Chromoxyd nicht ganz gleichmässig auf die Faser niederschlägt und gegen das in dieser Hinsicht bessere Kaliumbichromat nicht aufkommen kann.

Salpetersäure und Nitrate.

Salpetersäure.

$$H\,NO_3 = 63.$$

Wenn keine fremden Säuren zugegen, kann der Gehalt aräometrisch oder titrimetrisch festgestellt werden. 50 g : 1000 ccm gelöst und 50 ccm mit Normalnatronlauge titrirt; je 1 ccm Normallauge = 0,063 g H NO$_3$.

Bei der Prüfung auf Verunreinigungen ist auf Chlor, Schwefelsäure, Metalle, Eisen, Alkalisalze, salpetrige Säure Rücksicht zu nehmen. Ist die Säure mit fremden Säuren verunreinigt und ist der Gehalt an reiner Salpetersäure — und nicht nur Gesammtsäure — zu ermitteln, so können die Stickoxyde bestimmt werden. Indessen ist die Salpetersäure von viel zu geringer Bedeutung für die Textilindustrie, als dass es angezeigt erschiene hier auf diese komplicirte gasometrische Methode einzugehen.

Anwendung. Sehr beschränkt. Zum Färben stickstoffhaltigen Materials (Federn, Seide, werden durch entstehende Nitroprodukte gelb), das jedoch sehr geschwächt wird (2 Th. H NO$_3$ + 1 Th. HCl auf 2° Bé. gestellt); zur Herstellung künstlicher Kanten an Exportwaaren (Salpetersäure + Gummi + Stärke etc. draufgedruckt, um Anschein von in Garn gefärbter Waare zu geben, die solche gelbe Kanten besitzt); als Indigoreagens (Indigotest), das heute nicht mehr maassgebend ist, weil eine Anzahl anderer Blaus denselben Fleck geben, z. B. „Aufsatzblau" (Säuregrün + Säureviolett); zum Graviren von Druckwalzen.

Natriumnitrat, Natronsalpeter.

$$Na\,NO_3 = 85; \quad L.\,k.\,W. = 80 : 100; \quad h.\,W. = 200 : 100.$$

Salpetersäurebestimmung wie im Wasser mit Indigolösung. Als Verunreinigungen kommen Chloride und Sulfate vor.

Anwendung sehr beschränkt, bisweilen zum Nachoxydiren des Anilinschwarz benutzt.

Silbernitrat.

$$Ag\,NO_3 = 170; \quad L.\,k.\,W. = 120 : 100; \quad h.\,W. = 1000 : 100.$$

Einzig wesentlich der Silbergehalt. Es wird mit $^1/_{10}$ norm. Chlornatriumlösung und neutralem chromsauren Kali als Indikator titrirt, bis eben Braunfärbung beginnt; je 1 ccm $^1/_{10}$ Na Cl-Lös. $=$ 0,017 g Ag NO_3.

Anwendung fast einzig zum Zeichnen der Wäsche (Ag NO_3 $+ N H_3 +$ Gummi geschrieben oder gestempelt). Die Schrift ist gegen verd. Alkalien und Säuren nicht so empfindlich wie gegen Chlor.

Bleinitrat.

Pb $(NO_3)_2 = 330$; L. k. W. $= 48,3 : 100$; h. W. $= 139 : 100$.

Der Bleigehalt ist Ausschlag gebend. Es wird als Bleisulfat mit Schwefelsäure gefällt, filtrirt und geglüht $= Pb\ SO_4$.

Anwendung. Für Chromgelb, Chromorange; als Ausgangsmaterial für andere Bleipräparate.

Eisennitrat, Ferronitrat, salpetersaures Eisenoxydul.

Fe $(NO_3)_2 + 6$ aq $= 288$; kalt löslich, heiss zersetzt sich.

Untersuchung wie bei Ferrosulfat. Salpetersäurebestimmung wie bei Natriumnitrat.

Anwendung. Heute minimal oder garnicht; event. für Rostgelb auf Baumwolle, Berlinerblau auf Wolle.

Ferrinitrat, salpetersaures Eisenoxyd.

Fe_2 $(NO_3)_6 + 18$ aq $= 808$; löst sich leicht in k. und h. Wasser.

Untersuchung wie Ferrisulfat, bis auf die Salpetersäure. Auf Schwefelsäure zu prüfen!

Anwendung ebenso beschränkt wie obige Verbindung, event. noch in der Baumwollschwarzfärberei; in der Seidenfärberei ist es durch das basisch schwefelsaure Eisenoxyd völlig verdrängt.

Seltenere Nitrate.

Für einige specielle Zwecke der Druckerei werden durch Umsetzung gewonnen und bisweilen gebraucht: Calciumnitrat, Thonerdenitrat, Magnesiumnitrat, Kupfernitrat, Chromnitrat, salpeteressigsaures Chromoxyd.

Chlorsauerstoffverbindungen.

Chlorkalk.

Chlorkalk ist ein wechselndes Gemenge von unterchlorigsaurem Kalk, Chlorcalcium, Calciumhydroxyd und Wasser, und ist der wirksame Bestandtheil am besten durch die Formel $Ca\,OCl_2$ wiedergegeben. $\left(\text{Nach Odling:}\ Ca < {OCl \atop Cl}\ .\right)$

Der Werth desselben wird lediglich durch das ihm innewohnende „wirksame Chlor" bestimmt. Nach Schützenberger wirkt jedoch nicht das Chlor, sondern der durch Zersetzen frei werdende Sauerstoff $(Ca\,OCl_2 = Ca\,Cl_2 + O)$. Es seien folgende Methoden der Chlorbestimmung erwähnt:

I. Gay-Lussac's Methode. Der Chlorkalk wird in wässeriger Lösung mit Natriumarsenit titrirt (Indigo als Indikator). Diese Methode ist jedoch wegen der Ungenauigkeit lange verlassen: in verdünnten Lösungen wirkt arsenige Säure nicht mehr.

II. Pennot's Methode mit alkalischer Arsenlösung und Jodkaliumstärkepapier als Indikator.

III. Jodometrische Methode.

Die beiden letzteren sind am verbreitetsten und seien kurz besprochen.

II. a) Pennot's Lösung: 4,425 g reine arsenige Säure und 13,0 g reine kryst. Soda werden mit 600—700 ccm warmen Wassers in der Wärme gelöst und nach dem Erkalten auf 1000 ccm gebracht. Je 1 ccm der Lösung entspricht 0,004425 g $As_2\,O_3 = 1$ ccm Chlorgas von 0^0 und 760 mm Atmosphärendruck.

Es werden nun 10 g Chlorkalk innig mit Wasser zerrieben und mitsammt dem Rückstande auf 1 l aufgefüllt; 50 ccm dieser Chlorkalklösung werden mit obiger Pennot'scher Lösung titrirt, bis eben keine Blaufärbung mehr mit Jodkaliumstärkepapier erfolgt, alsdann ist sämmtliches wirksame Chlor verbraucht.

Beispiel: 50 ccm Chlorkalklösung verbrauchten 40 ccm Pennotscher Lösung, d. h. 50 ccm Chlorkalklösung entsprechen 40 ccm Chlorgas, oder 0,5 g Chlorkalk entwickeln 40 ccm Chlorgas, d. h. 1 kg Chlorkalk liefert 80 l Chlorgas von 0^0 und 760 mm Druck. $(2\,Ca\,OCl_2 + As_2\,O_3 = 2\,Ca\,Cl_2 + As_2\,O_5.)$

b) Statt der Pennot'schen Lösung nimmt man auch $\dfrac{n}{10}$ Arsenitlösung (4,95 g reine arsige Säure in Soda : 1000 ccm); alsdann entspricht je 1 ccm $\frac{n}{10}$ Natriumarsenitlösung $= 0,00354$ g wirksamen Chlors.

III. Jodometrische Methode. 7,1 g Chlorkalk werden zerrieben und auf 1000 ccm Wasser aufgefüllt. 50 ccm ($= 0,354$ g Chlorkalk) werden in ein 1 l destillirtes Wasser haltendes Becherglas pipettirt und 1 g Jodkalium sowie ca. 10 Tropfen Salzsäure zugegeben. Man rührt ein Mal langsam um, bürettirt dann rasch und ohne zu rühren $^1/_{10}$ norm. Thiosulfatlösung zu, bis die Farbe schwach gelb geworden; dann versetzt man mit Stärkelösung und titrirt langsam zu Ende, bis die Blaufärbung verschwindet. $2\,Cl + 2\,KJ = 2\,KCl + 2\,J$; $2\,J + 2\,Na_2\,S_2\,O_3 = Na_2\,S_4\,O_6 + 2\,NaJ$; je 1 ccm $\frac{n}{10}$ Thiosulfatlösung $= 0,00354$ g Chlor; wenn z. B. 35,25 ccm $^1/_{10}$ norm. Thiosulfat verbraucht sind, so ergiebt das: $\dfrac{35,25 \times 0,00354 \cdot 100}{0,354}$

$= 35,25\,\%$ wirks. Chlors, d. h. je 1 ccm $\frac{n}{10}$ Thiosulfat $= 1\,\%$ wirks. Chlor.

IV. Es sei ferner nur erwähnt die Baumann'sche Methode (Zeitschr. angew. Chemie 1890, 73), die auf der Titration mit Wasserstoffsuperoxyd und Chamäleon beruht: $Ca\,O\,Cl_2 + H_2\,O_2 = Ca\,Cl_2 + H_2\,O + O_2$; das überschüssige Wasserstoffsuperoxyd wird mit Chamäleon zurücktitrirt und verrechnet:

$$2\,KMnO_4 + 2\,H_2\,O_2 + 3\,H_2\,SO_4 = K_2\,SO_4 + 2\,MnSO_4 + 8\,H_2O + SO_2.$$

Wie bereits aus II und III ersichtlich, wird der Chlorkalkgehalt entweder in chlorometrischen Graden (II), wie z. B. in Frankreich allgemein üblich, oder nach Procenten wirksamen Chlors (III), wie in Deutschland und England üblich, angegeben. Die chlorometrischen Grade geben die Anzahl Liter Chlorgas (bei 0^0 und 760 mm Druck) an, die in 1 kg Chlorkalk erhalten sind; die deutschen Grade geben Gewichtsprocente Chlor an. Die Correlation derselben ist folgende:

Chlorometrische Grade mit 0,3178 multiplicirt $=$ Procente wirksamen Chlors;

Procente wirksamen Chlors durch 0,3178 dividirt $=$ chlorometrische Grade.

Franzós. Grade		Deutsche Grade	Franzos. Grade		Deutsch-engl. Grade
63	=	20,02	100	=	31,78
70	=	22,24	105	=	33,36
75	=	23,83	110	=	34,95
80	=	28,42	115	=	36,54
85	=	27,01	120	=	38,13
90	=	28,60	125	=	40,67

(= reichster Chlorkalk).

Ob bei der Chlorkalktitration der Bodensatz bzw. unlösliche Rückstand mittitrirt werden soll, oder nur die Lösung, ist eine principielle Frage, über die sich geeinigt werden müsste. Fresenius lässt ihn mittitriren, andere Autoritäten aus der Textilbranche verneinen es ganz entschieden, weil, wie sie richtig ins Feld führen, der Bodensatz bzw. das Unlösliche auch in der Praxis unverwerthet und unverwerthbar bleibt, und eine technische Analyse die technischen Betriebe nach Möglichkeit zu berücksichtigen hat.

Chemisch reines Calciumhypochlorit enthält theoretisch 48,9% Chlor, bei der Chlorkalkfabrikation ist man indessen nicht über ein Produkt von 39% Chlorgehalt hinausgekommen.

Anwendung. Der Chlorkalk ist das Bleichmittel par excellence für vegetabilische Stoffe: Man bleicht heute nie oder fast nie mit Lösungen über 1⁰ B. (oft auch nur $^1/_4$⁰), während man früher bis zu 3⁰ B. und mehr ging. Es werden bisweilen ein paar Tropfen Salzsäure zugegeben, auch ist Essigsäure und Ameisensäure vorgeschlagen worden, indessen genügt die Kohlensäure der Luft vollkommen. Zum Cremiren des Leinens angewandt (konc. Lösung). Wolle und Seide werden durch Chlor gelb, faul und in der Struktur verändert. Baumwolle wird nur in konc. Lösungen unter Bildung von Oxycellulose verändert (Faser dadurch gewissermaassen animalisirt). In jüngster Zeit wird auch Wolle zur Erreichung bestimmter Glanz- und Griffeffekte gechlort.

Unterchlorigsaures Alkali, Hypochlorite.

Eau de Javelle, $KOCl$,

Eau de Labarraque, $NaOCl$.

Diese Verbindungen sind nur als Lösungen haltbar, in fester Form zersetzen sie sich sehr rasch; so zerfallen sie beim Eindampfen in Alkalichlorid und -chlorat.

Der Werth derselben kann genau so wie bei Chlorkalk bestimmt werden, da auch hier das wirksame Chlor bezahlt wird.

R. Bauer schlägt folgende Chlorprobe zur Betriebskontrolle in Bleichereien vor (Dingler's Polyt. Journal 1884, 251, 276): Man bedient sich einer „Chlorröhre" von $1\frac{1}{2}$ cm lichter Weite und 50 cm Länge und einer in 0,2 ccm getheilten „Natronbürette"; an Chemikalien werden gebraucht: Salzsäure, Jodkalium- und Natriumthiosulfatlösung, von welch letzterer 1 ccm = 1 mg Chlor entspricht und welche in die Natronbürette gefüllt wird. Die Chlorröhre wird mit 10 ccm Chlorflotte aus der Bleicherei gefüllt und einige ccm Jodkaliumlösung zugegeben, bis bei leichtem Umschwenken keine weitere Bräunung oder Trübung erfolgt; alsdann werden noch einige ccm Salzsäure zugesetzt, bis die zuerst trübe braune Lösung ganz klar geworden. Nun lässt man zuerst schneller, dann tropfenweise Thiosulfat zufliessen, bis die unter mässigem Schütteln allmählich heller gewordene Farbe verschwindet und plötzlich in Wasserblau umschlägt. Jedes ccm Natriumthiosulfatlösung entspricht 1 mg Chlor in 10 ccm Flotte.

Anwendung als Bleichmittel. Es soll sich für manche Zwecke besser eignen wie Chlorkalk; es darf nicht erwärmt werden, ist leichter auswaschbar und die Waare verträgt ein nachträgliches Schwefelsäurebad. Es soll ausserdem energischer wirken wie Chlorkalk und dürfen nur verdünnte Lösungen in Verwendung kommen. Wegen des höheren Preises gegenüber dem Chlorkalk wird es jedoch wenig angewendet. — Es ist auch als Zusatz zu einigen Bleichmischungen (z. B. „Chlorozon") benutzt worden.

Andere unterchlorigsaure Salze.

Unterchlorigsaure Thonerde, Magnesia, Zink und Baryum.

Das Prinzip der Untersuchung derselben ist dasselbe: Es wird auf wirksames Chlor untersucht. Ausserdem aber kann die entsprechende Metallbestimmung ausgeführt werden, da ev. Chlorkalk oder billigeres Alkalihypochlorit in grösseren Mengen darin enthalten sein könnte.

Anwendung ebenso als Bleichmittel für specielle Artikel. Thonerdehypochlorit, auch „Wilson's Bleichflüssigkeit" genannt, für besonders zarte Stoffe; Magnesiahypochlorit oder „Ramsay's" oder „Grouvelle's Bleichflüssigkeit" für die Leinenbleicherei; Zinkhypochlorit heisst auch „Varrentrappsches Bleichsalz". Im Allgemeinen wenig gebraucht.

Chlorsaures Kali, Berthollet's Salz.

$K\,Cl\,O_3 = 122,5$; L. k. W. $= 7 : 100$; h. W. $= 50 : 100$.

Unter den chlorsauren Salzen nimmt das chlorsaure Kali den ersten Platz ein, das seit der Anilinschwarzfärberei zu grosser Bedeutung gelangt ist. Es kommen in demselben als Verunreinigungen hauptsächlich in Betracht: Metalle, Erden, Chloride, Sulfate, Nitrat und freies Chlor.

Eine quantitative Chloratbestimmung ist meist unnöthig, da das Salz in vorzüglicher Reinheit geliefert wird. Soll sie doch ausgeführt werden, so verfährt man am besten folgendermaassen: Man destillirt das Chlorat mit überschüssiger Salzsäure und leitet das dabei entstehende Chlor in Jodkaliumlösung; das hierbei frei werdende Jod wird mit $^1/_{10}$ norm. Natriumthiosulfat titrirt. Je 1 ccm $^1/_{10}$ norm. Thiosulfat $= 0,0020416$ g $K\,Cl\,O_3$; hat man z. B. 0,1 g $K\,Cl\,O_3$ zur Destillation genommen, so verbraucht man bei 100 proc. Waare 48,9 ccm $^1/_{10}$ norm. Thiosulfat, d. h. jedes verbrauchte ccm $^1/_{10}$ norm. Thiosulfat entspricht je 2,045 % $K\,Cl\,O_3$-Gehalt.

Anwendung. Fast ausschliesslich als Oxydationsmittel für Anilinschwarz. Es wirkt als Sauerstoffüberträger ähnlich wie Kupfersulfid, vanadins. Ammon, Ferricyankalium, Manganate etc. Es hat den Nachtheil der Schwerlöslichkeit in der Kälte (7 : 100), bei stärkeren Koncentrationen kann es deshalb leicht auskrystallisiren und Betriebsstörungen (z. B. in der Kattundruckerei sog. „Rakelstreifen“) veranlassen. Man hat deshalb bei koncentrirteren Lösungen und Druckmassen im korrespondirenden Natriumsalz ein Mittel in der Hand, das Ausscheiden zu vermeiden, da das Natriumchlorat bedeutend leichter löslich ist (s. u.). Das chlorsaure Kali ist auch als Zusatz zu verschiedenen Bleichmischungen (z. B. „Chlorozon“) benutzt worden. — In der Fabrikation von Beizen.

Chlorsaures Natron.

$Na\,Cl\,O_3 = 106,5$; L. k. W. $= 100 : 100$; h. W. $= 200 : 100$.

Es hat vor dem Kaliumsalz fast einzig den Vorzug grösserer Löslichkeit und Billigkeit. Indessen ist es meist nicht so rein im Handel wie jenes und muss genauer auf Verunreinigungen untersucht werden. Besonders kommen grössere Mengen Chloride und Kalk bzw. Chlorcalcium darin vor. Im Uebrigen kann der Gehalt an Chlorat wie beim Kaliumsalz bestimmt werden.

Anwendung wie bei Kaliumchlorat, wo es sich darum handelt, koncentrirtere Lösungen anzusetzen als 7 : 100; übrigens scheidet sich das Kaliumsalz häufig in Druckmassen aus, wo nicht einmal diese theoretische Menge enthalten ist.

Löslichkeit bei 20° C.   100 : 100.
Kaliumsalz - -   7 : 100.

Chlorsaure Thonerde.

$$Al_2 (Cl O_3)_6 = 555{,}4.$$

Wird meist vom Konsumenten selbst bereitet durch Doppelumsetzung von chlorsaurem Kali und schwefelsaurer Thonerde. Es wird dann auf 20° B. eingestellt. Die Ausgangsprodukte müssen auf ihre Brauchbarkeit geprüft werden (s. d.).

Anwendung beschränkt bei Anilinschwarz in Baumwollstückwaaren.

Chlorsaures Chromoxyd.

$$Cr (Cl O_3)_3 = 302{,}7.$$

Es wird ähnlich vom Konsumenten selbst durch Doppelumsetzung hergestellt: Chromsaures Kali + Chlorsaures Kali oder Chromalaun + Chlorsaures Kali. — Das basische Salz wird erhalten aus 975 g neutr. chlorsaurem Chromoxyd + 75 g frisch gefälltem Chromoxydhydrat. — Die Untersuchung kann den Chromgehalt und Chloratgehalt feststellen.

Anwendung sehr beschränkt. In der Druckerei für die Fixation von Holzfarben (Dampfschwarz, Dampfbraun).

Chlorsaures Anilin.

S. u. Anilinsalze.

Sulfitverbindungen.

Schweflige Säure und Sulfite, Natriumbisulfite.

$$SO_2 = 64; \quad Na_2 SO_3 + 7\ aq. = 252; \quad L.\ k.\ W. = 25 : 100; \quad h.\ W. = 1 : 1.$$

Es ist bei diesen Präparaten der Gehalt an schwefliger Säure werthbedingend. Derselbe kann in der wässerigen schwefligen Säure aräometrisch, oder aber — wie auch in den Salzen — am besten titrimetrisch bestimmt werden.

I. Liegen keine fremden Säuren vor, so kann mit Normallauge und einem passenden Indikator titrirt werden. (Siehe Indikatoren und Mohr's Titrirmethoden 6. Aufl., S. 165; Dingl. Polyt. Journ. 250, 530; Ch. Blarez: Comptes rend. 103, 69.) Die freie schweflige Säure und die Bisulfite werden darnach mit Normallauge und Phenolphtaleïn, die normalen Sulfite mit Normalsäure und Methylorange titrirt. — Wird Bisulfitlösung mit Methylorange versetzt, so zeigt ein Rothwerden der Flüssigkeit einen Ueberschuss an SO_2 über die zur Bildung von $NaHSO_3$ nöthige Menge an, und dieser Ueberschuss kann durch Titriren mit Normallauge bis zum Neutralisirungspunkt bestimmt werden; ist hingegen die mit Methylorange versetzte Lösung gelb, so ist normales Sulfit darin enthalten, das durch Titriren mit Normalsäure bestimmt werden kann.

II. Die zuverlässigste Methode ist jedoch die jodometrische von Bunsen, wenn es lediglich auf die schweflige Säure unabhängig davon ankommt, in welcher Form sie gebunden ist und ob sie überhaupt gebunden ist. — Man löst 5 g des Salzes (bzw. eine entsprechende Menge wässeriger schwefliger Säure) in 1 l ausgekochtem und im verschlossenen Gefäss erkaltetem destillirten Wasser. Nun pipettirt man einen Theil ab, verdünnt derartig — etwa 1 : 10 — ebenfalls mit ausgekochtem Wasser, dass 100 ccm höchstens 0,05 g SO_2 enthalten, säuert schwach mit Schwefel- oder Salzsäure an, setzt eine gemessene überschüssige Menge $^1/_{10}$ norm. Jodlösung hinzu und titrirt mit $^1/_{10}$ norm. Thiosulfatlösung und Stärkelösung als Indikator zurück. Je 1 ccm $^1/_{10}$ norm. Jodlösung $= 0,0032$ g SO_2. Es dürfen dabei zweckmässig höchstens 12 ccm Jodlösung für 100 ccm der zu titrirenden Sulfitlösung verbraucht werden.

Anwendung als Bleich- und Antichlormittel, zum Waschen von mit Chamäleon gebleichter Waare zwecks Entfernung des Mangansuperoxydes; ferner als Reduktionsmittel; in der Druckerei als Lösungsmittel für viele Farbstoffe (Coeruleïn, Alizarinblau); in diesem Sinne kommen auch viele Theerfarbstoffe als Natriumbisulfitdoppelverbindungen in den Handel. Vielfach wird auch gasförmige schweflige Säure angewendet, die durch Verbrennen von Stangenschwefel im sogen. „Schwefelkasten" erzeugt wird, in dem die zu bleichende Waare aufgehängt ist.

Natriumbisulfit heisst auch „Leukogen"; seltener wird auch Calciumbisulfit angewendet.

Volumgewicht der wässerigen Lösung von *schwefliger Säure*
und Gehalt an SO_2 bei 15^0 (Scott).

Vol.-Gew.	Proc. SO_2	Vol.-Gew.	Proc. SO_2	Vol.-Gew.	Proc. SO_2	Vol.-Gew.	Proc. SO_2
1,0028	0,5	1,0168	3,0	1,0302	5,5	1,0426	8,0
1,0056	1,0	1,0194	3,5	1,0328	6,0	1,0450	8,5
1,0085	1,5	1,0221	4,0	1,0353	6,5	1,0474	9,0
1,0113	2,0	1,0248	4,5	1,0377	7,0	1,0497	9,5
1,0141	2,5	1,0275	5,0	1,0401	7,5	1,0520	10,0

Hypo- oder Hydroschweflige Säure,
Hypo- oder Hydrosulfite.

$$H_2 O + SO_2 + Zn = Zn\,SO_3 + H_2,$$
$$H_2 + SO_2 = H_2\,SO_2.$$

Die hydroschweflige Säure hat in jüngster Zeit als Zink- und Kalksalz grosse Bedeutung für die Indigofärberei erlangt (Schützenberger). Sie entsteht aus Zink und Bisulfiten nach obiger Gleichung. Dabei ist das Verhältniss von Bisulfit zu Zink von gewisser Bedeutung, da die Reaktion in doppelter Phase verlaufen kann: $4\,Na\,H\,SO_3 + Zn = Zn\,SO_3 + Na_2\,SO_3 + Na_2\,S_2\,O_4 + 2\,H_2\,O$, und $3\,Na\,H\,SO_3 + Zn = Zn\,SO_3 + Na_2\,SO_3 + Na\,H\,SO_2 + H_2\,O$. Mit Kalk versetzt, fällt das Zinkoxyd aus und es resultirt das hydroschwefligsaure Calcium, welches die Eigenschaft besitzt, Indigblau, $C_{16}H_{10}N_2O_2$, zu dem um 2 Wasserstoffatome reicheren Indigweiss, $C_{16}H_{12}N_2O_2$, zu reduciren. — Da man sich diese Lösungen selbst bereitet, so muss man sich von der Güte der Ausgangsprodukte und dem Wirkungswerth derselben überzeugen.

Anwendung in der Hydrosulfitküpe (mehr für Wolle geeignet): 30 kg Bisulfitlösung $32—35^0$ B. + 6—7 kg Zinkstaub werden mit 30 l Wasser angerührt, wobei die Temperatur nicht über 35^0 C. steigen darf. Alsdann werden zugesetzt: 8 l Natronlauge 38^0 B. + 7 kg Kalk, mit 30 l Wasser gelöscht. Es wird weitere 12—24 Stunden sich selbst überlassen und die gelbe Flüssigkeit abgeklärt, welche im Stande ist, ca. 10 kg Indigo zu reduciren.

Unterschwefligsaures Natron, Natriumthiosulfat.

$Na_2\,S_2\,O_3 + 5\,aq. = 248$; L. k. W. $= 102:100$; heiss sehr löslich.

Man achte auf Verunreinigungen durch Karbonat, Sulfat, Sulfit und freies Alkali. Der Gehalt an Thiosulfat wird jodometrisch

Heermann.

bestimmt: 25 g : 1000 ccm gelöst, und 25 ccm unter Zusatz von Stärkelösung mit $^1/_{10}$ norm. Jodlösung titrirt. 1 ccm Jodlösung $=$ 0,024764 g $Na_2 S_2 O_3 + 5$ aq.

Anwendung. In der Kattundruckerei zum Fixiren von Metalloxyden; in der Färberei zum Reserviren des Anilinschwarz; in der Bleicherei zur Entfernung der letzten Chlorreste aus der Faser (daher „Antichlor“); zum Beizen der Seide (6—8% Alaun + 4% Thiosulfat); beim Färben der Wolle mit Eosin; zum Reinigen der Wäsche; zum Niederschlagen von feinvertheiltem Schwefel auf der Wolle für Methyl- und Malachitgrün (Lauth). Es ist auch unter dem Namen „Antichlor“ und „Natriumhyposulfit“ bekannt.

Verschiedene Verbindungen.

Natriumnitrit.

$Na NO_2 = 69$; in kaltem und heissem Wasser sehr löslich.

Dieses Salz ist erst seit Kurzem in die Textilindustrie eingeführt worden. Maassgebend ist bei seiner Beurtheilung der Nitritgehalt. Als Verunreinigungen kommen nicht selten schwere Metalle vor. — Der Nitritgehalt wird oxydimetrisch mit Chamäleonlösung bestimmt. Die Titerstellung des Chamäleons geschieht gegen Mohr'sches Salz (oder Silbernitrit). Mohr'sches Salz ist schwefelsaures Eisenoxydulammon und ist der siebente Theil seines Gewichtes gleich dem Eisengehalt desselben, d. h. 7 g Mohr'sches Salz enthalten genau 1 g metallisches Eisen. — Ein gutes technisches Nitrit soll 95—97 proc. sein.

Circa 25 g Natriumnitrit werden zu 1000 ccm gelöst. 40—45 ccm $^1/_5$ norm. Chamäleonlösung werden unter Zusatz von 100 ccm Schwefelsäure (1 : 5) mit obiger Nitritlösung bei 40° C. bis zur Entfärbung mässig rasch titrirt und dann mit der Chamäleonlösung wieder bis zur 5 Min. bestehenden Rothfärbung zurücktitrirt. — Es ist unzulässig, nach Lunge umgekehrt die Nitritlösung mit Permanganat zu titriren, da in diesem Falle stets etwas salpetrige Säure verloren geht. $2 Fe = Na NO_2$. (112 = 69).

Berechnung: Einstellung. a g Mohr'sches Salz $\left(\dfrac{a}{7} \text{ g Eisen}\right)$ brauchen b ccm Chamäleonlösung; demnach $112 : 69 = \dfrac{a}{7} : x$; $x =$

$\dfrac{69 \cdot a}{112 \cdot 7}$ g Na NO$_2$ sind a g Mohr'sches Salz äquivalent oder b ccm Chamäleon entsprechend; also 1 ccm Chamäleon $= \dfrac{69 \cdot a}{112 \cdot 7 \cdot b}$ g Na NO$_2$. Sind nun C ccm Chamäleonlösung bei der Nitrittitration verbraucht worden, so sind demnach in der angewandten Menge Lösung $\dfrac{69 \cdot a \cdot C}{112 \cdot 7 \cdot b}$ g Na NO$_2$ enthalten, woraus sich der Procentgehalt des festen Nitrits berechnet.

Nimmt man statt obiger Lösungen 1 proc. Nitritlösung (10:1000) und $\dfrac{n}{10}$ Chamäleonlösung, so gestaltet sich die Berechnung einfach: je 1 ccm Chamäleonlösung $= 0{,}00345$ g Na NO$_2$.

Anwendung bei den sogenannten Diazotirfarben, Ingrainfarben, Eisfarben, Entwicklungsfarben. In der Färberei und Kattundruck haben sich mehrere Farbstoffe sehr gut eingebürgert (z. B. Paranitranilinroth).

Natriumphosphat, Kuhkothsalz.

$Na_2 HPO_4 + 12\ aq = 358$; L. k. W $= 3:100$; h. W $= 96:100$.

Auch „sekundäres" oder „neutrales" phosphorsaures Natron genannt. Es ist oft verunreinigt durch Kochsalz, Sulfat, Karbonat. Sein Werth hängt vom Phosphorsäuregehalt und der Basicität ab.

Phosphorsäure. 25 g zu 1000 ccm gelöst; in 10—20 ccm wird die Phosphorsäure mit Magnesiamixtur und Ammoniak gefällt, nach 12 Stunden der Niederschlag (Ammoniummagnesiumphosphat) filtrirt, mit ammoniakhaltigem Wasser gewaschen, getrocknet, geglüht und als pyrophosphorsaure Magnesia ($Mg_2 P_2 O_7$) gewogen.

Ueber volumetrische Bestimmung mit Uranlösung s. z. B. Fresenius, Quant. An. II. 698; Ztschr. anal. Chem. 1897. 36. 81.

Basicität. Reagirt das Salz mit Phenolphtaleïn alkalisch, so enthält es über die Formel $Na_2 HPO_4$ hinausgehendes Alkali und wird dieser Alkaliüberschuss durch Titration mit Normalsäure und Phenolphtaleïn bis zur Entfärbung bestimmt. Tritt mit Phenolphtaleïn keine Rothfärbung ein, so liegt neutrales Salz oder ein Gemisch von $Na_2 H PO_4 + Na H_2 PO_4$ vor, welch letzteres durch Titration mit Lauge und Phenolphtaleïn und ersteres mit Säure und Methylorange ermittelt werden kann.

Anwendung in der Türkischrothfärberei anstatt Kuhkoth und

Schafmist (das heute durch Phosphat, Arsenat und Silikat fast völlig verdrängt ist). Bei Holzfarben (lebhafteres Schwarz); in der Seidenfärberei zum Beschweren und Fixiren des Zinns und Eisens (4—6° B.) statt oder neben Soda; Natriumphosphat erschwert besser wie Soda, macht den Faden jedoch nicht voluminös und kann eine Ueberlastung der Faser mit Phosphorsäure schädlich werden. Beim Färben mit Azofarbstoffen. In jüngster Zeit ist auch das Ammoniumphosphat statt des Natronsalzes mit Erfolg angewendet worden.

Wasserglas.

$$K_2 Si_4 O_9 \text{ und } Na_2 Si_4 O_9 = 334 \text{ bzw. } 302.$$

Da Wasserglas vielfach in Lösungen in den Handel kommt, so kann es direkt aräometrisch gemessen werden; ausserdem kann man eine Kieselsäurebestimmung vornehmen (Fres., Quant. An. I. S. 456). Circa 50 g werden zu 1000 ccm gelöst und 50 ccm wiederholt mit Salzsäure eingedampft und dann mehrere Stunden bei 110° C. erhitzt. Die Kieselsäure wird dadurch unlöslich. Es wird mit Salzsäure befeuchtet und filtrirt, getrocknet und gewogen $= Si O_2$.

Volumetrisch kann Kieselsäure durch Ueberführung in Kieselfluorkalium acidimetrisch bestimmt werden (Stolba. Zeitschr. f. anal. Ch. 4. 163), oder direkt titrimetrisch mit Normalsäure und Methylorange als Indikator.

Es ist häufig mit viel überschüssigem Aetznatron im Handel, das für die animalische Faser von grossem Nachtheil sein kann und auf dessen möglichstes Fehlen geachtet werden muss; ausserdem wirkt das Aetznatron lösend auf Thonerdebeizen etc.

Anwendung ähnlich wie beim Natriumphosphat; ferner beim Bleichen mit Wasserstoffsuperoxyd (an Stelle von Ammoniak); in der Seidenfärberei anstatt Borax (z. B. Alkaliblau, Blauholz); als Beize für Baumwolle (Wasserglas $+ H_2 SO_4 = Si O_2$, das basische Farbstoffe fixirt); für feuerfeste Gewebe; als Zusatz zu Seife; als Zusatz zu Firnissen; zum Schlichten von Baumwollketten; in der Druckerei als Albuminersatz; in der Appretur; als Fixirungsmittel für Thonerdebeizen und Zinn (Seide); als Glanz- und Griffmittel; seit 1893 in der Seidenfärberei als Zinnphosphatsilikat-Erschwerung von grosser Bedeutung.

Natriumarsenat.

$Na_2 H As O_4 + 12 aq = 402$; L. k. W = 28 : 100; heiss sehr lösl.

Es muss frei von Salpetersäure, nicht zu kalkhaltig sein, und höchstens 1 % $As_2 O_3$ enthalten.

Die Basicität kann durch direkte Titration mit Normalsäure und Methylorange bestimmt werden, vorausgesetzt, dass keine anderen Säuren zugegen sind. 1 ccm Normallauge = 0,312 g $Na_2 H As O_4 + 7$ aq.

Arsensäure. 0,5 g des Musters wird als Magnesiumammoniumarsenat gefällt (s. Fresenius, Quant. An. I. 369), auf ein gewogenes Filter gebracht, bei 100° getrocknet und als solches gewogen. — Der erhaltene Niederschlag kann auch geglüht und als arsensaure Magnesia bestimmt werden.

Bei der beschränkten Bedeutung dieses Produktes gehe ich nicht specieller auf die verschiedensten Bestimmungsmethoden ein und erwähne nur vorübergehend das Princip von Sutton (Volumetric Analysis 6. Auflage), der die Arsensäure erst zu arseniger Säure reducirt und diese mit Jodlösung titrirt.

Arsenige Säure wird umgekehrt wie Jod oder Chlor mit Natriumarsenit (s. a. Chlorkalk) bestimmt. 5—10 g Arsenat werden gelöst, mit Bikarbonatlösung versetzt und mit $^1/_{10}$ norm. Jodlösung titrirt. 1 ccm $^1/_{10}$ Jodlös. = 0,00495 g $As_2 O_3$; mehr wie 1 % arsenige Säure darf nicht enthalten sein. (S. a. A. Christensen, Zeitschr. f. anal. Chem. 1897, 36. 81.)

Anwendung seiner Giftigkeit wegen beschränkt, sonst ähnlich wie die des Natronphosphates.

Natriumwolframat.

$Na_6 W_7 O_{24} + 16 aq = 1854,5$.

Hat heute geringes Interesse. Der Wolframsäuregehalt kann nach Fresenius, Quant. An. II. S. 447 bestimmt werden. Wegen des geringen Interesses, das dieses Präparat besitzt, sei nicht näher darauf eingegangen.

Nach H. Silbermann (Färber-Ztg. 1897 No. 5. S. 70) wird die Wolframsäure bestimmt, indem man die Lösung einer gewogenen Menge wolframsauren Natriums mit Salzsäure im Ueberschuss fällt, einige Stunden bei 30—40° digerirt, den Niederschlag erst mit verd. Salzsäure, dann mit Wasser wäscht, bei 105^0 trocknet und wägt.

Anwendung. Es besitzt historisches Interesse als Oxydationsmittel (statt Kupfersulfid, auch das wolframsaure Chromoxyd) und Seidenerschwerungsmittel (es wurde als wolframsaures Eisen und Zinn auf der Faser fixirt).

Zinnsaures Natrium, Natriumstannat, Präparirsalz.
$$Na_2 SnO_3 + 3 aq = 266; \quad 44{,}4\% \text{ Zinn.}$$

Das zinnsaure Natron kommt mit $30—44\%$ Zinnoxyd in den Handel und enthält als Verunreinigungen Aetznatron, Soda, Kochsalz und Eisen und ist bisweilen mit Arsenat und Wolframat verfälscht. Es löse sich möglichst ohne Satz, sei eisenfrei und nicht zu alkalisch.

Das Gesammtalkali wird bestimmt dnrch Titration mit Normalsäure und Methylorange.

Th. Goldschmidt bestimmt das Zinn wie folgt: 50 g des Musters werden in 500 ccm gelöst und 10 ccm der Lösung unter Zusatz von konc. Salzsäure reducirt. Das ausgeschiedene Zinn wird in demselben Kölbchen in einer Kohlensäure-Atmosphäre durch Kochen und weiteren Zusatz von etwas Salzsäure gelöst und nach dem Abkühlen das gebildete Zinnchlorür mittelst eingestellter Eisenchloridlösung und Jodalkali (Stärkelösung) titrirt. Die Titration erfolgt ebenfalls unter Einleiten von Kohlensäure in das Titrir-Kölbchen.

Anwendung als Beize für Azofarbstoffe ($4—5^0$ B.) mit nachträglichem Bad von abgestumpftem Alaun (25 g Alaun $+$ 10 g kryst. Soda : 1000 ccm); vorübergehend wurde es auch für Seidenerschwerungen benutzt, heute jedoch durch Chlorzinn völlig verdrängt; im Baumwoll- und Wolldruck.

Natriumaluminat, Thonerdenatron.
$$Na_2 Al_2 O_4 = 164.$$

Wenn man es mit Säure und Phenolphtaleïn (weniger gut mit Lakmus) titrirt, so tritt die Endreaktion ein, wenn alles Alkali gesättigt und Thonerde auszufallen beginnt; nimmt man aber Methylorange, so tritt die Endreaktion ein, wenn die Verbindung $Al_2(SO_4)_3$ entstanden und die ausgeschiedene Thonerde wieder gelöst ist. —

20 g Natriumaluminat zu 1000 ccm gelöst und 10 ccm ganz heiss (um etwaige Kohlensäure ohne Einfluss zu lassen) mit $^1/_5$ norm. Salzsäure und Phenolphtaleïn titrirt (bis farblos); alsdann setzt man Methylorange zu und titrirt bis zur Rothfärbung mit derselben $^1/_5$ norm. Salzsäure. Die Differenz ergiebt die Thonerde. (S. a. Lunge, Zeitschr. f. angew. Chemie 1890. 227 u. 293).

1 ccm $\dfrac{n}{5}$ Salzsäure $= 0,0062$ g Na_2O bzw. $0,0034$ g Al_2O_3.

Beispiel: Es verbrauchten 0,2 g Aluminat 8,5 ccm (Phenolphtaleïn) und 15,35 ccm (Methylorange) $^1/_5$ norm. Salzsäure $=$ 23,85 ccm $^1/_5$ norm. Salzsäure. $\dfrac{8,5 \cdot 0,0062 \cdot 100}{0,2} = 26,35\,\%\ Na_2O$;

$\dfrac{15,35 \cdot 0,0034 \cdot 100}{0,2} = 26,095\,\%\ Al_2O_3$.

Anwendung sehr beschränkt in der Baumwolldruckerei.

Borax, Natriumbiborat.

$Na_2B_4O_7 + 10\,aq = 382$; L. k. W. $= 6 : 100$; h. W. $= 200 : 100$.

Der Borsäuregehalt wird acidimetrisch mit Säure und Methylorange bestimmt. 25 g : 1000 ccm gelöst und 50 ccm mit Normalschwefelsäure und Methylorange bis zur beginnenden Röthung titrirt. 1 ccm Normalsäure $= 0,191$ g krystallisirter Borax. — Als Verunreinigungen kommen Soda, Kochsalz und Glaubersalz darin vor. Der Gehalt an Soda, die mit dem Borax zusammen titrirt wird, muss, wenn er wesentlich ist, in Abzug gebracht werden. (Ztschr. f. angew. Chem. 1896. 22. 679. — Ztschr. f. anal. Chem. 1897 568.)

Anwendung. Als Fermentationsmittel des Blauholzes (statt Soda); im Zeugdruck als Lösungsmittel des Kaseïns; in der Wollfärberei bei Alkaliblau (10 % vom Gewicht der Wolle oder 300 bis 350 g in 100 l Flotte).

Kaliumpermanganat, Chamäleon.

$KMnO_4 = 158$; L. k. W. $= 6,45 : 100$; heiss sehr löslich.

Der Gehalt an reinem Permanganat wird durch Titration gegen Oxalsäure oder Eisenoxydullösung bestimmt. 6,32 g zu 1000 ccm gelöst repräsentirt bei chemisch reinem Chamäleon eine $^1/_5$-Normallösung. Es würden demnach 20 ccm Normaloxalsäure, bzw. 100 ccm $^1/_5$-Normaloxalsäure genau 100 ccm der Chamäleonlösung brauchen, wenn chemisch reines 100 proc. Material vorläge. Die Umrechnung geschieht ganz einfach: Sind z. B. für 100 ccm $^1/_5$ Normaloxalsäure (statt 100 ccm) 105 ccm Chamäleonlösung verbraucht, so liegt eine 94,85 proc. Waare vor ($105:100 = 100:x$; $x = 94,85$) etc.

Die Oxalsäure wird stark mit Schwefelsäure versetzt und bei 60—70⁰ C. titrirt, bis eben dauernde Röthung aufzutreten beginnt ($2\,K\,Mn\,O_4 + 3\,H_2\,SO_4 = K_2\,SO_4 + 2\,Mn\,SO_4 + 3\,H_2\,O + O_5$; $\frac{CO\,OH}{CO\,OH} + O = 2\,CO_2 + H_2\,O$; also entsprechen 2 Mol. Kaliumpermanganat $= 5$ Mol. Oxalsäure). Aehnlich wird gegen Eisenoxydulsalz eingestellt, z. B. gegen Mohr'sches Salz (schwefelsaures Eisenoxydulammon): 7 g Mohr'sches Salz $= 1$ g Eisen; $5\,Fe = 1\,K\,Mn\,O_4$; $2\,Fe\,O + O = Fe_2\,O_3$. — 1 ccm einer $^1/_5$ norm. Chamäleonlösung $=$ 0,012 g Eisen met. $= 0,0144$ g $Fe\,O = 0,016$ g $Fe_2\,O_3$.

Anwendung in der Wollbleicherei (neutral, alkalisch und sauer; am besten neutral 1 : 1000, da Bad immer weiter benutzt werden kann; in alkalischem Bade geht die Bleichung langsamer, in saurem schneller vor sich); nach der Bleichoperation wird mit schwefliger Säure gewaschen oft unter Zusatz von Schwefelsäure (bisweilen 2—3 Mol., da sonst leicht Nachbräunung stattfindet). In der Seidenbleicherei ist die Anwendung ausgeschlossen, da die Faser stark leidet.

Kaliumbichromat, Doppeltchroms. Kali; Natriumbichromat, Doppeltchromsaures Natron.

$K_2\,Cr_2\,O_7 = 295$; 68 % $Cr\,O_3$; L. k. W. $= 10,4 : 100$; h. W. $= 1 : 1$.
$Na_2\,Cr_2\,O_7 + 2\,aq = 299$; 67,19 % $Cr\,O_3$; leichter löslich wie K-Salz.

Das Kaliumbichromat ist oft verunreinigt durch Kaliumsulfat, Natriumsulfat, normales Chromat. Am meisten interessirt indessen der Chromsäuregehalt.

Gesammtchromsäure. Diese wird titrimetrisch mit Eisenoxydulammonsulfat (Mohr'sches Salz) ausgeführt. Kalium- bzw. Natriumbichromatlösung, mit Schwefelsäure angesäuert, wird mit einem Ueberschuss von einer gestellten Eisenoxydulsalzlösung versetzt und mit $^1/_{10}$ norm. Bichromatlösung zurücktitrirt, bis ein Tropfen der Lösung auf einer Porzellanplatte mit rothem Blutlaugensalz keine Blaufärbung mehr giebt (Turnbull's Blau). $Cr\,O_3 = 3\,Fe\,O$.

Knecht, Rawson und Löwenthal verfahren folgendermaassen: 5 g des Musters werden mit Wasser zu 1 Liter gelöst, und mit dieser Lösung wird eine Bürette gefüllt. (Beim Natriumsalz nimmt man lieber 25 g, löst zu 500 ccm und verdünnt hiervon wieder 100 ccm zu 1 Liter). 1 g reines granulirtes Ferroammoniumsulfat wird dann abgewogen, in einer Porzellanschale mit wenig Wasser gelöst und mit 50 ccm 10 proc. Schwefelsäure versetzt. Unter beständigem Rühren wird dann die Bichromatlösung aus der Bürette zugegeben, bis ein Tropfen der Mischung mit Ferricyankaliumlösung auf Porzellan zusammengebracht keine blaue oder grünblaue Färbung mehr erzeugt. 1 g Mohr'sches Salz reducirt 0,0853 g $Cr\,O_3$; demnach enthalten die aus der Bürette zugesetzten ccm Chromatlösung $= 0,0853$ g $Cr\,O_3$.

Beispiel: 5 g $K_2\,Cr_2\,O_7$: 1000 ccm gelöst; 1 g Mohr'sches Salz braucht von dieser Lösung 25,2 ccm; $25,2 : 0,0853 = 1000 : x$; $x = 3,385$ g $Cr\,O_3$; $5 : 3,385 = 100 : x$; $x = 67,70\,\%$ $Cr\,O_3$.

Freie Chromsäure wird durch die Wasserstoffsuperoxydreaktion nachgewiesen. 2,5—5 g Substanz werden in 40—50 ccm Wasser gelöst, 10 ccm Wasserstoffsuperoxyd und 20 ccm Aether zugesetzt und Alles zusammen in einem Cylinder gemischt. Bei Anwesenheit von freier Chromsäure wird die Aetherschicht vorübergehend blau gefärbt. Nach kurzer Zeit verschwindet die Blaufärbung.

Auf dieser Reaktion beruht die Bestimmung von neutralem Chromat nach Mc. Culloch (Chem. News 1887. 55. 2). Wie oben zum Nachweis von freier Chromsäure, werden 2,5—5 g in 40 bis 50 ccm Wasser gelöst und die Lösung in einem Cylinder (mit Glasstöpsel) von etwa 120 ccm Inhalt mit 10 ccm Wasserstoffsuperoxyd und 20 ccm Aether geschüttelt. In kleinen Mengen wird nun $^1/_{10}$ norm. Schwefelsäure unter häufigem Schütteln zugesetzt, bis der Aether schwach blau erscheint. Je 1 ccm $^1/_{10}$ norm. Säure =

  0,01003 g $Cr\,O_3$ als normales Chromat,

  0,01623 g $Na_2\,Cr\,O_4$,

  0,01943 g $K_2\,Cr\,O_4$ in der angewandten Menge Substanz.

Das Wasserstoffsuperoxyd und das Bichromat dürfen dabei selbstredend nicht an sich freie Säure enthalten, andernfalls solche in Abzug zu bringen ist.

Bichromat. a) Nach Mc. Culloch kann man auch das Bichromat unmittelbar durch Titration mit Normallauge und Phenolphtaleïn bestimmen, wobei der Gehalt an normalem Chromat durch Abziehen der so gefundenen Chromsäure von der Gesammtchromsäure berechnet werden kann. Da die Endreaktion beim Titriren mit Lauge unscharf ist, wird überschüssige Normallauge zugesetzt und mit Normalsäure zurücktitrirt. 1 ccm $^1/_{10}$ norm. Lauge $= 0{,}01003$ g CrO_3 als Bichromat.

b) R. Thomson (Chem. News 1885. 52. 29) titrirt direkt mit Lakmoïd (s. Indikatoren), gegen welches die Bichromate neutral, neutrales Chromat jedoch alkalisch ist. Letzteres kann deshalb mit Normalsäure und Lakmoïdpapier bestimmt werden.

Beispiel: 100 ccm einer 1proc. Lösung ($= 1$ g) werden mit $^1/_{10}$ norm. Schwefelsäure und Lakmoïd titrirt und erforderten 12,6 ccm $^1/_{10}$ norm. Säure; $0{,}01003 \cdot 12{,}6 \cdot 100 = 12{,}64\,\%$ CrO_3 als Chromat; Gesammtchromsäure 70,60; Bichromat $70{,}60 - 12{,}64 = 57{,}96\,\%$ CrO_3 als Bichromat.

Anwendung. Eins der wichtigsten Salze der Färberei, als Ansud für Wolle (mit Weinstein, Oxalsäure, Schwefelsäure, Milchsäure etc.); beim Anilinschwarz (Färben und Drucken, auch chromsaures Blei zum Druck); in der Blaudruckerei; bei Katechoufarben für echte Brauns; als Zusatz zum Blausteinschwarz (wird dadurch widerstandsfähiger gegen Alkalien); als Aetzmittel im Zeugdruck; für Chromgelb, -orange und -oliv, in Kombination mit Indigoküpe als „Jägergrün".

Das Natriumbichromat ist hygroskopisch, im Allgemeinen unreiner — enthält mehr normales Chromat — und bedarf einer genaueren Kontrolle, während das Kaliumsalz meist in sehr guter Qualität geliefert wird. Ferner wird das Natriumsalz — da die Waare schlecht trocknet — in der Druckerei nur ungern gebraucht, in der Wollfärberei dagegen, weil wohlfeiler und leichter löslich, mehr.

Vanadinate.

I. Vanadinsaures Ammon, $(NH_4)_3\,VO_4 = 169$.

II. Vanadinchloride, „blaue Vanadlösung" ($=$ Vanadintetrachlorid, -trichlorid und -bichlorid).

Der Werth der Vanadinate hängt vom Vanadinsäuregehalt ab. Dieser kann (s. Fresenius, Quant. An. II. 406) bestimmt werden, indem man das vanadinsaure Ammon durch gesättigte Chlorammonlösung zur Fällung bringt, wobei etwaige Verunreinigungen in Lösung bleiben. Es wird filtrirt und geglüht = Vanadinsäure (V_2O_5). Als Verunreinigung kommt am häufigsten Chromsäure vor.

Anwendung als Oxydationsmittel zumeist im Anilinschwarzdruck anstatt Kupfersulfid (welches leicht eintrocknet und Rakelstreifen erzeugen kann). Es ist schon in ausserordentlicher Verdünnung wirksam z. B. 0,2 g pro Kilo Druckmasse; ein Uebeschuss macht die Waare leicht faul. — Die blaue Vanadlösung wird durch Reduktion von Vanadinsäure mit Glycerin in salzsaurer Lösung bei Wasserbadtemperatur hergestellt (100 g Vanadinammon + 400 g Salzsäure + 400 g Wasser gelöst, alsdann ca. 50 g Glycerin in 100 ccm Wasser gelöst zugesetzt, bis zum Eintreten der Blaufärbung erwärmt und auf 10 Liter aufgefüllt).

Alkalien.

Ammoniak, Salmiakgeist.

$$NH_3 = 17; \text{ L. k. W.} = 1050 \text{ Vol.} : 1.$$

Der Gehalt wird aräometrisch oder besser titrimetrisch bestimmt. 50 g : 1000 ccm gelöst und 50 ccm mit Normalsäure und Lakmus etc. titrirt. 1 ccm = 0,017 g NH_3.

Das Ammoniak hinterlasse beim Verdunsten keinen oder nur sehr geringen Rückstand. Als Verunreinigung kommen besonders vor: Schwefelsäure, Schwefelwasserstoff, Kohlensäure, Chlor. Gewöhnliches technisches Ammoniak = 16° B. = 9,9 % Ammoniak.

Wässerige Ammoniaklösung (Lunge).

Spec. Gew.	% NH_3	Spec. Gew.	% NH_3	Spec. Gew.	% NH_3	Spec. Gew.	% NH_3
0,996	0,91	0,968	7,82	0,952	12,17	0,924	20,49
0,992	1,84	0,964	8,84	0,950	12,74	0,920	21,75
0,988	2,80	0,962	9,35	0,946	13,88	0,916	23,03
0,984	3,80	0,960	9,91	0,942	15,04	0,910	24,99
0,980	4,80	0,958	10,47	0,938	16,22	0,900	28,33
0,976	5,80	0,956	11,03	0,934	17,42	0,890	31,75
0,972	6,80	0,954	11,60	0,930	18,64	0,882	34,95

Anwendung. Zum Waschen der Kunstwolle und Wolle alizaringefärbter Stücke (wodurch das Abrussen vermindert wird); beim Bleichen als Zusatz zu Wasserstoffsuperoxyd; zum Niederschlagen von Blei auf der Faser; statt Soda und fixer Alkalien.

Ammoniaksalze.

Sulfat, Acetat, Oxalat. Der Ammoniakgehalt wird in bekannter Weise durch Destillation bestimmt. 0,5—1 g des Musters wird mit überschüssiger Natronlauge in eine Vorlage mit überschüssiger gemessener Normalsäure destillirt und das Destillat nach beendeter Destillation mit norm. Lauge zurücktitrirt. Je 1 ccm verbrauchter Normalsäure $= 0{,}017$ g NH_3 (Fresenius, Quant. An. I. 224).

Anwendung wegen des hohen Preises beschränkt. Beim Färben mit Farbstoffsulfosäuren zwecks besserer Egalisirung (Indulin etc.).

Aetznatron, Natronhydrat, Kaustische Soda.

$Na\,OH = 40$; L. k. W. $= 60 : 100$; h. W. $= 210 : 100$.

Das Aetznatron — vom Färber auch „Seifenstein" genannt — kommt fest und in Lösung in den Handel. Letzteres als 30^0, 36^0 und 39^0 B. starke Lösung. Der Werth ist durch den Gehalt an Natronhydrat gegeben. Dieser kann in Lösungen annähernd aräometrisch, genauer titrimetrisch bestimmt werden. Das Aetznatron soll möglichst karbonatfrei sein und ist deshalb eine Sodabestimmung von Wichtigkeit. Man bestimmt entweder den Natrongehalt allein, oder auch den Sodagehalt daneben.

Gesammtalkali. 25 g Substanz werden zu 1000 ccm gelöst und 100 ccm mit Normalsäure und Methylorange, Phenolphtaleïn etc. titrirt. Es kann auch — wenngleich umständlicher — Säure im Ueberschuss zugegeben werden, 5 Min. lang gekocht und (Lakmus, Phenolphtaleïn) mit Normalnatron zurücktitrirt werden. 1 ccm Normalsäure $= 0{,}04$ g $Na\,OH$ bzw. $0{,}031$ g $Na_2\,O$.

Aetznatron. Weitere 100 ccm werden mit überschüssiger neutraler Baryumchloridlösung (zwecks Ausfällens des Karbonats) versetzt und gleichfalls — ohne zu filtriren — mit Normalsäure und Methylorange (oder Lakmus) bis zur beginnenden Rothfärbung titrirt. 1 ccm Normalsäure $= 0{,}04$ g $NaOH$ oder $0{,}031$ g $Na_2\,O$ als freies Aetznatron.

Soda. Die Differenz von Gesammtalkali und Aetzkali giebt den Sodagehalt an.

Das technische Aetznatron enthält meist viel Kochsalz, schwefelsaures Natron und überschüssiges Wasser bis zu $30\,\%$ und mehr.

Volumgewicht von *Natronlaugen* bei 15⁰ (Lunge).

Spec. Gewicht	Baumé	Twaddell	Proc. Na_2O	Proc. Na OH	1 cbm enthalt Kilogramm	
					Na_2O	Na OH
1,007	1	1,4	0,47	0,61	4	6
1,014	2	2,8	0,93	1,20	9	12
1,022	3	4,4	1,55	2,00	16	21
1,029	4	5,8	2,10	2,71	22	28
1,036	5	7,2	2,60	3,35	27	35
1,045	6	9,0	3,10	4,00	32	42
1,052	7	10,4	3,60	4,64	38	49
1,060	8	12,0	4,10	5,29	43	56
1,067	9	13,4	4,55	5,87	49	63
1,075	10	15,0	5,08	6,55	55	70
1,083	11	16,6	5,67	7,31	61	79
1,091	12	18,2	6,20	8,00	68	87
1,100	13	20,0	6,73	8,68	74	95
1,108	14	21,6	7,30	9,42	81	104
1,116	15	23,2	7,80	10,06	87	112
1,125	16	25,0	8,50	10,97	96	123
1,134	17	26,8	9,18	11,84	104	134
1,142	18	28,4	9,80	12,64	112	144
1,152	19	30,4	10,50	13,55	121	156
1,162	20	32,4	11,14	14,37	129	167
1,171	21	34,2	11,73	15,13	137	177
1,180	22	36,0	12,33	15,91	146	188
1,190	23	38,0	13,00	16,77	155	200
1,200	24	40,0	13,70	17,67	164	212
1,210	25	42,0	14,40	18,58	174	225
1,220	26	44,0	15,18	19,58	185	239
1,231	27	46,2	15,96	20,59	196	253
1,241	28	48,2	16,76	21,42	208	266
1,252	29	50,4	17,55	22,64	220	283
1,263	30	52,6	18,35	23,67	232	299
1,274	31	54,8	19,23	24,81	245	316
1,285	32	57,0	20,00	25,80	257	332
1,297	33	59,4	20,80	26,83	270	348
1,308	34	61,6	21,55	27,80	282	364
1,320	35	64,0	22,35	28,83	295	381
1,332	36	66,4	23,20	29,93	309	399
1,345	37	69,0	24,20	31,22	326	420
1,357	38	71.4	25,17	32,47	342	441
1,370	39	74,0	26,12	33,69	359	462
1,383	40	76,6	27,10	34,96	375	483
1,397	41	79,4	28,10	36,25	392	506
1,410	42	82,0	29,05	37,47	410	528
1,424	43	84,8	30,08	38,80	428	553
1,438	44	87,6	31,00	39,99	446	575
1,453	45	90,6	32,10	41,41	466	602
1,468	46	93,6	33,20	42,83	487	629
1,483	47	96,6	34,40	44,38	510	658
1,498	48	99,6	35,70	46,15	535	691
1,514	49	102,8	36,90	47,60	559	721
1,530	50	106,0	38,00	49,02	581	750

Anwendung beschränkt. Für die Bereitung der Türkischrothöle; für Wäscherei- und Bleichereizwecke; in der Indigodruckerei; als Zusatz zur Ferricyankaliumoxydationsmasse. Das Aetzkali wird — weil theurer und ohne besondere Vorzüge — in der Textilindustrie kaum gebraucht. S. a. Zeitschr. f. angew. Chem. 1896. 455.

Aetzkalk, Kalk.

Ungelöschter Kalk, $CaO = 56$; L.k.W.$= 1 : 778$; h.W. $= 1 : 1270$.
Gelöschter Kalk, $Ca(OH)_2 = 74$.

Der Kalkgehalt wird am besten nach Degener bestimmt: 100 g gebrannten Kalkes werden völlig gelöscht und der Brei in einen Halbliterkolben gebracht, auf 500 ccm aufgefüllt und unter Umschütteln 100 ccm herauspipettirt; die 100 ccm werden wieder auf 1000 ccm verdünnt, gut geschüttelt und 25 ccm in eine Porzellanschale gebracht. Man setzt einige Körnchen gefälltes Calciumkarbonat und alkoholische Phenacetolinlösung zu und titrirt unter stetem Umrühren mit Normalsalzsäure, bis die an der Einfallstelle gelb werdende Flüssigkeit sofort wieder roth wird. Wenn das Rothwerden einige Sekunden auf sich warten lässt, liest man die verbrauchten ccm ab und setzt wieder 2 Tropfen Säure zu; wenn die Flüssigkeit jetzt gelb bleibt, so war die vorige Ablesung richtig, wenn sie wieder roth wird, so war es zu früh und muss mit dem Säurezusatz fortgefahren werden. Je 1 ccm Normalsäure $= 0{,}028$ g CaO.

Im Uebrigen soll das beim Löschen gebildete Pulver fein und pulverig sein, sich weich anfühlen und mit wenig Wasser angerührt, einen fetten, zähen und glatten, schlüpfrigen Brei ergeben. — Im andern Falle ist der Kalk schlecht, „mager" und enthält viel Magnesia und Thon.

Anwendung. In der Küpenfärberei zum Lösen des Indigos; in der Baumwollschwarzfärberei (billigstes Schwarz); zum Bleichen heute fast garnicht mehr; zum Abziehen der Holzfarben von Wolle etc.

Natriumkarbonat, Soda.

Calcinirte Soda, $Na_2CO_3 = 106$; L. k. W. $= 7 : 100$; heiss $45 : 100$.

Krystallis. Soda, $Na_2CO_3 + 10$ aq $= 286$; L. k. W. $= 21{,}3 : 100$; heiss $= 420 : 100$.

Ist häufig verunreinigt durch Sulfat, Chlorid, Sulfit, Schwefelalkali (Nitroprussidnatrium, s. d.), Kalk, Eisen und freies Aetznatron. Zu bestimmen ist in erster Linie:

Gesammtalkali. Es wird ausgeführt wie bei Aetznatron 25—50 g : 1000 ccm gelöst (25 g calcinirte oder 50 g krystallisirte Soda) und 50 ccm der Lösung mit Normalschwefelsäure und Methylorange als Indikator titrirt. 1 ccm Normalsäure $= 0{,}031$ g Na_2O $= 0{,}053$ g $Na_2CO_3 = 0{,}143$ g $Na_2CO_3 + 10$ aq. etc. Der so gefundene Werth entspricht der Gesammtalkalinität, von dem der Aetzalkaligehalt abgezogen werden muss (falls solcher überhaupt bestimmbar ist).

Aetzalkali. Weitere 50 ccm werden mit überschüssiger Chlorbaryumlösung versetzt und die Lösung nach einigen Minuten auf Alkalinität geprüft. Ist sie alkalisch, so wird mit $^1/_{10}$ noim. Salz- oder Schwefelsäure und Methylorange (oder Lakmus etc.) bis zur sauren Reaktion titrirt. 1 ccm $^1/_{10}$ Normalsäure $= 0{,}0031$ g Na_2O.

Reine Soda. Der so gefundene Werth für Aetzalkali wird vom Gesammtalkali in Abzug gebracht, wodurch sich der Gehalt an reiner Soda ergiebt.

Event. vorhandenes Bikarbonat braucht für gewöhnlich nicht bestimmt zu werden, da seine Anwesenheit keinen Schaden anzurichten vermag. — Dagegen ist der Eisengehalt oft störend und kann am Besten kolorimetrisch bestimmt werden. (Bestimmung des Bikarbonates: Lunge, Handbuch der Sodaindustrie II, S. 648; Böckmann, Chemisch-technische Untersuchungen I, 390 u. 391.)

Anwendung. In der Wollwäscherei (freies Natron schädlich) zum Entfetten; zum Abkochen der Baumwolle; in der Leinenbleicherei; zum Fixiren von Metalloxyden auf der Faser (z. B. Zinn auf Seide); in der Souplefärberei zum Weichmachen, zum Fixiren von Thonerde und Chromoxyd (Alizarinfarben); zum Abstumpfen des Alauns (Türkischroth); in der Baumwollfärberei bei Blausteinschwarz; zum Färben der Benzidinfarben etc.

Ebenso wie kein Aetzkali angewendet wird, so hat auch das theurere kohlensaure Kalium (Potasche) keine nennenswerthen Vorzüge vor der Soda, die dessen Anwendung rechtfertigen.

Calciumkarbonat, Kreide.

$CaCO_3 = 100$; L. k. W. $= 1 : 10\,600$; h. W. $= 1 : 8834$.

Kommt im Handel rein vor. Der Gehalt an Calciumkarbonat kann ähnlich wie bei Soda bestimmt werden; nur giebt man naturgemäss einen Säureüberschuss zu, der zurücktitrirt wird. Auch kann man keine Lösung davon herstellen, sondern man wägt sich etwa 2 g Substanz ab, setzt 50 ccm Normalsäure unter Vorsicht zu (nachdem man am besten die Substanz erst mit Wasser überschüttet hat), löst vorsichtig und titrirt (nach oder ohne vorhergegangenes Kochen zur Vertreibung der Kohlensäure) mit Normallauge und Phenolphtaleïn bzw. Methylorange zurück. 1 ccm Normalsäure $= 0{,}05$ g $CaCO_3$.

Anwendung beschränkt; zum Fixiren von Metalloxyden (Türkischrothfärberei); beim Sumachschwarz; zum Entfernen der letzten Säurereste in der Waare etc.

Superoxyde.

Wasserstoffsuperoxyd.

$H_2O_2 = 34$; in Wasser sehr leicht löslich.

Der Werth der Waare hängt vom Gehalt an Wasserstoffsuperoxyd und dem Fehlen von Mineralsäuren — Salzsäure und Schwefelsäure — ab. Es kommt meist als 3 proc. Lösung in den Handel, deren Gehalt

I. mit Chamäleonlösung bestimmt wird. 10 ccm der Lösung werden verdünnt, mit 30 ccm Schwefelsäure ($1 : 3$) versetzt und in der Kälte mit Kaliumpermanganat titrirt, bis die Lösung eben dauernd roth bleibt. 1 ccm $\frac{1}{5}$ norm. Chamäleonlösung $= 0{,}0034$ g $H_2O_2 = 0{,}0016$ g O.

II. Oder es wird mit Jodkalium und Thiosulfat titrirt (s. a. Kingzett, Journ. of Chem. Soc. 1880, 792). 10 ccm des Präparates werden mit 30 ccm verdünnter Schwefelsäure und Jodkalium im Ueberschuss versetzt. Nach 5 Min. wird das in Freiheit gesetzte Jod mit $\frac{1}{10}$ norm. Natriumthiosulfatlösung und Stärke titrirt, bis die Blaufärbung verschwindet. 1 ccm $\frac{1}{10}$ norm. Thiosulfat $= 0{,}0017$ g $H_2O_2 = 0{,}0008$ g O (1 g O bei 0^0 und 760 mm Druck $= 697{,}5$ ccm).

III. Coulamine empfiehlt eine weitaus umständlichere und technisch nicht so brauchbare gasometrische Bestimmung (Dingler's polytechn. Journ. 1888, 267 u. 238).

Ferner ist auf Rückstand, Salz- und besonders Schwefelsäure zu prüfen.

Anwendung als Bleichmittel für Tussah, Chappe, halb- und ganzseidene Stückwaare, Wolle und Jute; auch in Kombination mit schwefliger Säure (erst H_2O_2, dann SO_2 oder umgekehrt); als Oxydationsmittel hat es in der Textilindustrie noch keine Verwendung gefunden. Als Bleichmittel durch Natriumsuperoxyd immermehr verdrängt.

Baryumsuperoxyd.

$BaO_2 = 169$; in kaltem Wasser unlöslich; heiss zersetzt es sich.

Es ist stark mit Baryumoxyd verunreinigt. Sein Werth hängt vom Superoxydgehalt ab. Dieser wird am besten wie folgt bestimmt (Zeitschr. f. anal. Chemie 1892, 31, S. 28). 0,3 g Baryumsuperoxyd werden in 500 ccm Wasser suspendirt und dann durch Zusatz von 10 ccm Salzsäure gelöst; alsdann werden 10 ccm einer 20 proc. Manganosulfatlösung zugegeben und mit $^1/_5$ norm. Chamäleon titrirt. 1 ccm $^1/_5$ norm. Chamäleon $= 0,0169$ g BaO_2. Zwecks eines guten Durchschnittsresultates ist es nothwendig, mindestens 3—4 Titrationen vorzunehmen und aus diesen ein Mittel zu ziehen. — Ein gutes technisches Baryumsuperoxyd soll mindestens 80 $\%$ BaO_2 enthalten.

Anwendung als Bleichmittel mit nachfolgendem Salzsäurebade (bes. geeignet für Tussah, Chappe und manche Wollen). Die Wolle verliert im Allgemeinen durch Wasserstoffsuperoxyd an Elasticität (5– 10 $\%$ BaO_2 in Wasser aufgeschlemmt, die Waare 1—2 Stunden darin belassen und dann ein verdünntes Salzsäurebad geben). Es wirkt etwas energischer wie fertiges Wasserstoffsuperoxyd, da dieses hier in statu nascendi zur Wirkung gelangt.

Natriumsuperoxyd.

$Na_2O_2 = 78$; durch Wasser zersetzt.

Es wird hier ganz ähnlich wie beim Baryumsuperoxyd der Gehalt an Natriumsuperoxyd bestimmt. Nur muss schneller und vorsichtiger operirt, abgewogen etc. werden, da das Präparat sich an feuchter Luft rasch zersetzt. Ferner muss in eine grössere Menge verdünnter Schwefelsäure (etwa wie oben in verdünnter Salzsäure) gelöst werden, da sonst Verluste stattfinden, und mit $^1/_5$ norm. Chamäleon titrirt werden wie oben. 1 ccm $^1/_5$ norm. Chamäleon = 0,0078 g $Na_2 O_2$.

Anwendung. Als Bleichmittel in den Handel gebracht und schon grosse Verbreitung gefunden. Besonders geeignet für Chappe, Tussah, Stroh.

Zinkstaub.

$Zn = 65$; in Wasser unlöslich.

Der Zinkstaub darf keine sichtbaren oder zwischen den Fingern fühlbaren Körner enthalten, sich vielmehr zwischen den Fingern gleichmässig staubartig anfühlen. Ferner darf er nicht zu viel Eisen und Zinkoxyd, seine Hauptverunreinigung, enthalten. Der Gehalt an met. Zink wird nach seinem Reduktionsvermögen berechnet. (S. a. Drewson: Zeitschr. f. anal. Chemie 19, 50 und Fresenius, Quant. An. II, S. 378.) 10 g Zinkstaub werden mit 40 g Kaliumbichromat und 300 ccm Wasser im Erlenmeyer zusammengebracht und 150 ccm Schwefelsäure (1 : 5) allmählich unter häufigem Rühren auf dem Wasserbade im Laufe von etwa 3—4 Stunden zugesetzt. Der Säurezusatz muss derartig regulirt werden, dass durchaus keine Wasserstoffentwickelung sichtbar ist, d. h. dass sämmtlicher zur Entstehung gelangender Wasserstoff in statu nascendi das Bichromat reducirt (alle 10 Min. werden 5 bis höchstens 10 ccm Säure zugesetzt). Nach völliger Lösung des Zinks wird auf 1000 ccm aufgefüllt und 100 ccm der Lösung mit auf Bichromat (15 : 1000) eingestellter Eisenoxydulsalzlösung (70 : 500) titrirt, bis ein Tropfen des Gemisches mit Ferricyankalium auf Porzellan Blaufärbung zu geben beginnt. Verbrauch ca. 150 ccm Eisenoxydulsalzlösung (= ca. 90 % Zn). Ein guter Zinkstaub soll ca. 90 % met. Zink enthalten.

Berechnung: a g $K_2 Cr_2 O_7$: 1000 ccm gelöst; b ccm Mohr'sche-Salzlösung = d ccm $K_2 Cr_2 O_7$-Lösung. Zu 100 ccm der obigen zu titrirenden Lösung d. h. (wenn δ g Substanz abgewogen sind) zu $\dfrac{\delta}{10}$ g Muster wurden zugesetzt e ccm Mohr'sches Salz + f ccm $K_2 Cr_2 O_7$-Lösung bis zur Erhaltung der vorerwähnten Blaufärbung. Es entsprechen demnach die e ccm Ferrolösung $= \dfrac{d \cdot e}{b}$ ccm $K_2Cr_2O_7$-Lösung; mithin befinden sich in den 100 ccm an $K_2Cr_2O_7$ im Ueberschuss: $\left(\dfrac{d \cdot e}{b} - f\right)$ ccm $K_2Cr_2O_7$-Lösung $= \left(\dfrac{d \cdot e}{b} - f\right) \dfrac{a}{1000}$ g $K_2Cr_2O_7$.

Es haben demnach $\dfrac{\delta}{10}$ g Zinkstaub reducirt (wenn k g $K_2Cr_2O_7$ gelöst sind): $\dfrac{k}{10} - \left(\dfrac{d \cdot e}{b} - f\right) \dfrac{a}{1000}$ g $K_2Cr_2O_7$; das Gewicht des Kaliumbichromats mit 0,6619 multiplicirt ergiebt die äquivalente Menge Zink oder 1 ccm norm. Bichromatlösung $= 0,0325$ g Zink ($3\,Zn + 7\,H_2SO_4 + K_2Cr_2O_7 = Cr_2O_3 \cdot 3\,SO_3 + 3\,Zn\,SO_4 + K_2\,SO_4 + 7\,H_2O$. $3\,Zn = 1\,K_2Cr_2O_7$ oder $195\,Zn = 294{,}95\,K_2Cr_2O_7$.

Knecht und Rawson verfahren folgendermaassen:

0,662 g Zinkstaub (soviel chemisch reines Zink reducirt genau 1 g $K_2Cr_2O_7$) werden mit 80 ccm einer Lösung von 25 g $K_2Cr_2O_7$ im Liter und mit 10 ccm verdünnter Schwefelsäure gemischt; nach 10—15 Min. wird wieder und noch ein drittes Mal ebensoviel verdünnte H_2SO_4 zugesetzt und von Zeit zu Zeit umgerührt; dann werden 20 ccm konc. Schwefelsäure und ein Ueberschuss (etwa 10 g) reines Ferroammoniumsulfat zugesetzt. Nach dem Umrühren muss jetzt ein Tropfen mit Ferricyankalium Blaufärbung bewirken (sonst muss noch mehr Ferroammonsulfat zugesetzt werden). Das überschüssige Ferrosalz wird nun durch Normalbichromatlösung zurücktitrirt. Die Menge des durch 0,662 g des Musters reducirten Bichromates mit 100 multiplicirt ergiebt unmittelbar den Procentsatz des vorhandenen metallischen Zinks. — Etwaiges Eisen ist darin mit inbegriffen. Das Gewicht des reinen Zinks findet man, indem man das Gewicht des durch dasselbe reducirten Bichromates mit 0,6619 multiplicirt; bei dieser Rechnung ist man nicht gezwungen, eine bestimmte Menge Zinkstaub genau abzuwägen.

Beispiel: 0,662 g Zinkstaub,
　　　　　80 ccm Bichromatlösung (25 : 1000),
　　　　　10 g Mohr'sches Salz
zurücktitrirt 6,1 ccm Bichromatlösung (1 g Mohr'sches Salz $= 0{,}1253$ g $K_2Cr_2O_7$).

　　0,025 : 86,1 $= 2{,}1525$ Gesammt-$K_2Cr_2O_7$.
　　0,1253 $\times$ 10 $= 1{,}253$ verbr. durch Zink.
　　2,1525 $-$ 1,253 $= 0{,}8995$ g $K_2Cr_2O_7$ reducirt durch das Zink.

6*

$0{,}8995 \cdot 100 = 89{,}95\,\%$ reines Zink.

oder $0{,}662$ g Zink $= 0{,}8995$ g $K_2 Cr_2 O_7$,

$0{,}8995 \cdot 0{,}6619 = 0{,}5957$ g Zink met. in $0{,}662$ g Substanz $=$ $89{,}95\,\%$ Zink met.

Liebschütz entzieht erst aus 1 g des Musters das Eisen mittelst eines Magnetes und behandelt dann mit einer neutralen warmen Lösung von 15 g Kupfersulfat. Nach einigem Stehen werden die Oxyde durch etwas verdünnte Schwefelsäure entfernt und das ausgeschiedene metallische Kupfer wird mit Wasser gewaschen, in Salpetersäure gelöst und mit Normalcyankaliumlösung titrirt. Das Gewicht des so gefundenen Kupfers ergiebt, mit 1,027 multiplicirt, die Menge des metall. Zinks in der angewandten Menge.

Auch kann das metallische Zink, durch die Menge des Wasserstoffes, welcher bei Behandlung des Zinkstaubs mit verdünnter Schwefelsäure oder Salzsäure entwickelt wird, gasometrisch bestimmt werden.

Anwendung. Als Reduktions- und Aetzmittel im Zeugdruck und in der Küpenfärberei (Hydrosulfitküpe).

IV. Theil. Organische Verbindungen.

Fette Säuren und deren Salze.

Essigsäure.

$CH_3\,CO\,OH = 60$; mit Wasser in jedem Verhältniss mischbar.

Die Essigsäure kommt in den verschiedensten Graden der Reinheit in den Handel. Ihre Hauptverunreinigungen sind: Salzsäure und Schwefelsäure (besonders im Zeugdruck schädlich), Eisen, Blei, Kalk, schweflige Säure und empyreumatische Substanzen. Der Gehalt muss titrimetrisch bestimmt werden. 50 g : 1000 ccm gelöst und 50 ccm mit norm. Natronlauge und Phenolphtaleïn titrirt. 1 ccm Normal-Natron = 0,06 g Essigsäure wasserfrei. Ganz rohe, stark gefärbte Säure kann manchmal nicht direkt titrirt werden. In diesem Falle muss auf Lakmuspapier getüpfelt oder nach Mohr gearbeitet werden. Mohr behandelt 5 g Essigsäure mit gewogenem überschüssigen Calciumkarbonat bei Siedehitze, filtrirt, wäscht den Rückstand mit heissem Wasser aus und bestimmt das unzersetzte Calciumkarbonat durch Titration (überschüssige Salpetersäure mit Normal-Lauge zurücktitrirt) woraus der Essigsäuregehalt berechnet wird. — Ferner kann auf Verdampfrückstand (bei 110°) geprüft werden: es darf nur sehr wenig zurückbleiben. Ist freie Schwefelsäure vorhanden, so kann diese im Verdampfrückstand mit Alkohol aufgenommen (Sulfate fallen dabei aus), filtrirt, verdünnt und mit $^1/_{10}$ norm. Lauge titrirt oder mit Chlorbaryum gewichtsanalytisch bestimmt werden.

Anwendung. Zusatz zur Druckmasse (um Lackbildung vor dem Druck zu verhüten) ca. 50 g Essigsäure 4° Bé. pro kg Druckmasse; beim Färben mit säureempfindlichen Farbstoffen (z. B. Eosin); zur Seidenavivage; in der Wollfärberei zum Korrigiren kalkhaltigen Wassers; für dicke Wollstoffe zum Egalisiren und besseren Durchfärben (auch als Ammoniaksalz); als Zusatz zu holzessigsaurem Eisen.

Volumgewicht der **Essigsäure** bei + 15⁰ (Oudemans).

Vol.-Gew.	Proc.	Vol.-Gew.	Proc.	Vol.-Gew	Proc.	Vol.-Gew.	Proc.
1,9992	0	1,0363	26	1,0631	53	1,0748	77
1,0007	1	1,0375	27	1,0638	53	1,0748	78
1,0022	2	1,0388	28	1,0646	54	1,0748	79
1,0037	3	1,0400	29	1,0653	55	1,0748	80
1,0052	4	1,0412	30	1,0660	56	1,0747	81
1,0067	5	1,0424	31	1,0666	57	1,0746	82
1,0083	6	1,0436	32	1,0673	58	1,0744	83
1,0098	7	1,0447	33	1,0679	59	1,0742	84
1,0113	8	1,0459	34	1,0685	60	1,0739	85
1,0127	9	1,0470	35	1,0691	61	1,0736	86
1,0142	10	1,0481	36	1,0697	62	1,0731	87
1,0157	11	1,0492	37	1,0702	63	1,0726	88
1,0151	12	1,0502	38	1,0707	64	1,0720	89
1,0185	13	1,0513	39	1,0712	65	1,0713	90
1,0200	14	1,0523	40	1,0717	66	1,0705	91
1,0214	15	1,0533	41	1,0721	67	1,0696	92
1,0228	16	1,0543	42	1,0725	68	1,0686	93
1,0242	17	1,0552	43	1,0729	69	1,0674	94
1,0256	18	1,0562	44	1,0733	70	1,0660	95
1,0270	19	1,0571	45	1,0737	71	1,0644	96
1,0284	20	1,0580	46	1,0740	72	1,0625	97
1,0298	21	1,0589	47	1,0742	73	1,0604	98
1,5311	22	1,0598	48	1,0744	74	1,0580	99
1,0324	23	1,0607	49	1,0746	75	1,0553	100
1,0337	24	1,0615	50	1,0747	76		
1,0350	25	1,0623	51				

Anmerkung. Die Volum-Gewichte über 1,0553 entsprechen zwei Lösungen von sehr verschiedenem Gehalt. Um zu wissen, ob man eine Säure vor sich hat, deren Gehalt an $C_2H_4O_2$ das Dichtigkeitsmaximum (78 Proc.) übertrifft, braucht man nur etwas Wasser zuzusetzen. Nimmt das Vol.-Gew. zu, so war die Säure stärker als 78 procentig, im entgegengesetzten Falle war sie schwächer.

Acetate, essigsaure Salze.

Man prüft auf die hier am häufigsten vorkommenden Verunreinigungen wie Sulfat, Chlorid, Eisen, Blei, Kalk etc. Eine Acetatbestimmung ist meist unnöthig; einfacher ist die Metallbestimmung wie z. B. im Chromacetat etc. Man prüfe ferner auf überschüssige freie Säure, bzw. Mineralsäure (Basicität) und Klarlöslichkeit. — Soll eine Essigsäurebestimmung ausgeführt werden, so destillirt man eine bestimmte abgewogene Menge mit Phosphorsäure und titrirt das Destillat. Es werden z. B. 5 g essigs. Kalk

+ 50 ccm Wasser + 50 ccm Phosphorsäure vom spec. Gew. 1,2 mit Liebig'schem Kühler aus einer Retorte fast bis zur Trockne destillirt, der Retorteninhalt mit 50 ccm Wasser verdünnt und nochmals destillirt; ebenso ein drittes Mal. Im Destillat, ·bzw. einem aliquoten Theil desselben, wird die Essigsäure mit Normallauge titrirt. Je 1 ccm Normalnatron = 0,06 g Essigsäure = 0,079 g wasserfr. essigs. Kalk (S. a. Fresenius, Quant. An. II. 326). — Da man sich die Acetate oder Acetatlösungen vielfach selbst darstellt, müssen die Ausgangsprodukte geprüft werden.

Natriumacetat, Rothsalz, im Zeugdruck und in der Wollfärberei angewendet.

Calciumacetat, beim Druck von Alizarinroth; wichtiges Ausgangsprodukt für verschiedene Essigsäurepräparate. Das Präparat soll 90 proc. sein.

Bleiacetat, Bleizucker (verunreinigt durch essigsauren Kalk, Kalk, Bleikarbonat) für Chromgelb, Chromorange etc., zum Beschweren der Rohseide heute kaum mehr gebraucht.

Thonerdeacetat, Rothbeize. In der Türkischrothfärberei (1—8° B.) ähnlich wie Rhodanthonerde und schwefelsaure Thonerde; zum Fixiren von Holzfarben im Zeugdruck; zum Beizen von Seide; zum Weichmachen von Chappe; zum Wasserdichtmachen.

Zinnacetat zum Wegätzen von Azofarbstoffen im Zeugdruck.

Chromacetat im Zeugdruck bei Alizarinfarben, (meist Oxydulsalz) statt holzessigsauren Eisens.

Kupferacetat (basisch essigsaures Kupfer, Grünspan = $Cu(C_2H_3O_2)_2 + H_2O$) wird in der Blaudruckerei und im Zeugdruck zum Fixiren des Blauholzes angewendet. „Französisches Grünspan" ist basisches Salz: $Cu_2(C_2H_3O_2)_2(OH)_2$. — Der Kupfergehalt wird wie bei Kupfersulfat, die Basicität wie bei Ferrosulfat, die Essigsäure durch Phosphorsäuredestillation wie bei andern Acetaten (s. oben) bestimmt.

Essigsaures, holzessigsaures, holzsaures Eisen; Schwarzbeize.

Mineralsäuren sollen darin fehlen, wohl aber enthält das Präparat meist freie Essigsäure; ferner ist es häufig durch Eisenchlorid, Glaubersalz, Kochsalz und theerige Bestandtheile verunreinigt und mit Ferrosulfat verfälscht. — Reines essigsaures Eisen wird durch

Doppelumsetzung aus Bleiacetat und Ferrosulfat erhalten (für Chamois angewendet, deshalb „Chamoisbeize" genannt). Das holzessigsaure Eisen dagegen wird aus Ferrosulfat und holzessigsaurem Kalk dargestellt. Deshalb ist es meist etwas sulfathaltig. Es enthält ferner viel theerhaltige Produkte in Lösung wie Brenzkatechin, Phenole, Aceton, Holzgeist etc., darf aber keine ungelösten Bestandtheile enthalten. Es ist dieses ein sehr wichtiger Punkt. Eine Beize, die an der Luft theerige Bestandtheile abscheidet, besonders solche von zäher, klebriger und harzartiger Beschaffenheit ist zu verwerfen, weil das Arbeiten mit einer solchen Beize stets die Gefahr mit sich bringt, fleckige Waare zu erhalten. Das Absetzen einer leichten, brüchigen Kruste ist dagegen oft nicht zu vermeiden und gefahrlos. — Der Gehalt an holzessigsaurem Eisen ist sehr schwankend, muss deshalb neben der Schwefelsäure bestimmt werden. Hier einige Analysen:

$$\text{I. } 1,6\ \%\ \text{holzessigs. Eisen; } 7,8\ \%\ SO_3$$
$$\text{II. } 4\ \ \%\quad\text{-}\quad\text{-}\qquad\text{-}\qquad 5,0\ \%\quad\text{-}$$
$$\text{III. } 5,3\ \%\quad\text{-}\quad\text{-}\qquad\text{-}\qquad\text{Spuren -}$$

Falls freie Essigsäure und ausser Schwefelsäure keine fremden Säuren zugegen sind, kann der Gehalt an holzessigsaurem Eisen durch Differenz bestimmt werden.

Gesammteisen. Da die theerigen Bestandtheile störend wirken, wird eine genau gewogene Menge zur Trockne verdampft, geglüht und in der Asche eine gewichtsanalytische oder titrimetrische Eisenbestimmung vorgenommen (s. Ferrisulfat).

Der Schwefelsäuregehalt wird ähnlich durch Eindampfen einer gewogenen Menge, Glühen unter Zusatz von etwas Soda oder Soda und Salpeter, Lösen in verdünnter Salzsäure und Fällen mit Baryumchlorid als Baryumsulfat bestimmt.

Falls keine nennenswerthen Mengen von Alkalisalzen und anderen Metallen ausser Eisen vorhanden sind, wird die Schwefelsäure als Ferrosulfat berechnet und der Ueberschuss des Eisens als Eisenacetat angenommen.

Essigsäure. Sind nennenswerthe Mengen Alkalisalze vorhanden (Eindampfen des mit Ammoniak gefällten Eisenfiltrates), so kann eine solche Berechnung nicht stattfinden. Es kann dann die Essigsäure durch Destillation mit Phosphorsäure (s. Acetate) und Titration des Destillates bestimmt werden.

Technischer Versuch. Neben der chemischen Analyse muss gerade bei diesem Produkte stets ein technischer Versuch gemacht werden, da die theerigen Bestandtheile oft von unberechenbarem Effekt sind. Es wird bei diesem Versuche sich natürlich möglichst an die Arbeitsweise des technischen Betriebes angeschlossen.

Anwendung in der Seidenfärberei (Blauschwarz); bei Alizarinroth (dunkle Töne); in der Baumwollfärberei wegen des hohen Preises seltener. — Die Chamoisbeize (s. o.) für helle Chamoistöne benutzt.

Oxalsäure und Oxalate.

$$\begin{matrix} CO\,OH \\ CO\,OH \end{matrix} + 2\,aq = 126; \text{ Löslichkeit in Wasser } 1:9.$$

Oxalsäure und ihre Salze sind oft durch Schwefelsäure verunreinigt. Fehlt diese, so genügt bei Oxalsäure eine acidimetrische Bestimmung.

Gesammtsäure. 50 g : 1000 ccm gelöst und 50 ccm mit Normalnatron und Phenolphtaleïn titrirt; 1 ccm Normallauge = 0,063 g krystallisirte Oxalsäure. Ist dagegen Schwefelsäure beträchtlich darin enthalten, so kann die

Oxalsäure auch oxydimetrisch mit Chamäleonlösung bestimmt werden. 50 g : 1000 ccm wie oben gelöst und 20 ccm mit $^1/_5$ norm. Chamäleon (+ 25 ccm Schwefelsäure 1 : 3 bei 60—70° C.) titrirt. 5 Mol. Oxalsäure $= 2\,K\,Mn\,O_4$ oder je 1 ccm $^1/_5$ norm. Chamäleon $= 0,0126$ g $(CO\,OH)_2 + 2\,aq$.

Eine quantitative Schwefelsäurebestimmung ist meist unnütz; interessirt eine solche, so kann sie durch Ausfällen der Schwefelsäure mit Baryumchlorid als Baryumsulfat etc. bestimmt werden. Sonst erfolgt ihr Gehalt aus der Differenz von Gesammtsäure und Oxalsäure.

Wohlgemerkt sei, dass Oxalate acidimetrisch nicht mit bestimmt, oxydimetrisch aber wohl mit titrirt werden; ferner, dass Sulfate bei der gewichtsanalytischen SO_3-Bestimmung mitgemessen, bei der Gesammtsäuretitration unberücksichtigt bleiben.

Im Uebrigen muss die Oxalsäure möglichst klar löslich sein und wenig Kalk enthalten.

Der Gehalt an Oxalsäure in den Oxalaten wird wie oben

mit Chamäleonlösung bestimmt; die Metallbestimmung nach bekannten allgemeinen analytischen Principien.

Anwendung. Beim Färben mit Cochenille auf Wolle (früher wurde nur Zinnsalz dazu genommen); in der Wolldruckerei statt Essigsäure (20 g Oxals. auf 1 k Druckmasse); als Wollansud mit Kaliumbichromat etc. (statt Weinstein); als oxalsaures Ammon — wie essigsaures Ammon —, um Farbstoffe langsamer und gleichmässiger auf die Faser aufgehen zu lassen (Indulin); im Baumwolldruck, um Eisen und Thonerde wegzubeizen; in der Wäscherei zum Entfernen von Rostflecken; zum Wegbeizen von Berliner Blau auf der Faser; als Zusatz zum Directschwarz.

Oxalsaures Chromoxyd im Zeugdruck.

Oxalsaures Zinnoxyd im Alizarindruck.

Oxalsaures Zinnoxydul als Reduktions- und Aetzmittel besonders bei Seide und Halbseide.

Oxalsaures Antimon als Ersatz für Brechweinstein vorgeschlagen, aber bis jetzt wenig eingeführt (s. a. unter Brechweinstein).

Weinsäure.

$C_2 H_2 (OH)_2 (CO OH)_2 = 150$; in Wasser leicht löslich.

Die Weinsäure ist häufig durch Schwefelsäure, Oxalsäure und Kalk verunreinigt (Prüfung mit Baryumchlorid, Gypswasser, oxalsaurem Ammon); ferner muss auf Glührückstand, Klarlöslichkeit geprüft werden und der Säuregehalt alkalimetrisch mit Normal-Natron oder Normal-Barytlösung bestimmt werden. Je 1 ccm Normalnatron $= 0{,}075$ g Weinsäure.

Ist die Weinsäure sehr roh, stark durch fremde Säuren verunreinigt oder gefärbt, so kann sie wie Weinstein II bestimmt werden (s. d. u.).

Anwendung. Die Weinsäure wird wegen ihres hohen Preises möglichst umgangen, trotzdem aber noch beträchtlich gebraucht. In der Seidenfärberei zum Aviviren; im Zeugdruck werden durch Weinsäure lebhaftere Töne hervorgebracht (5—10 g pro Kilo Druckmasse); in der Wollfärberei. Am meisten aber kommt sie zur Verwendung als Weinstein.

Weinstein, Kaliumbitartrat.

$$C_2 H_2 (OH)_2 \, CO \, OH \, CO \, OK = 188; \quad L.\, k.\, W. = 0,4:100;$$
$$h.\, W. = 71:100.$$

Er kommt in sehr verschiedenen Graden der Reinheit in den Handel: „roh", als „Halbkrystall" und „rein"; je nach den Reinheitsgraden und der Farbe muss auch die eine oder andere Bestimmungsmethode gewählt werden.

I. Rohweinstein: 10 g Weinstein + 7 g kohlensaures Kalium + 150 ccm Wasser werden 20—30 Min. im Kolben von 200 ccm gekocht, auf 200 ccm aufgefüllt, umgeschüttelt, 100 ccm filtrirt, auf 25 ccm eingedampft, 5 ccm Essigsäure zugesetzt, umgerührt und ca. 15 Min. bedeckt auf dem Wasserbade erwärmt. Alsdann werden 100 ccm absol. Alkohol zugesetzt, wird kräftig gerührt und 15 Min. stehen gelassen. Der ausgeschiedene reine Weinstein wird mit der Luftpumpe abfiltrirt und mit 96 proc. Alkohol unter gutem Absaugen so lange ausgewaschen, bis der Waschalkohol nach dem Verdünnen mit Wasser mit einem Tropfen Normallauge alkalisch reagirt. Alsdann wird der Weinstein mit Halbnormallauge, die auf Weinstein oder Weinsäure eingestellt ist, unter Anwendung von empfindlichem Lakmuspapier bzw. mit Phenolphtaleïn titrirt. (S. Fresenius, Zeitschr. f. anal. Ch. 22, 270.)

II. Einfacher wird der Weinstein nach Scheurer-Kestner (Comptes rendus 86, 1024) bestimmt. Der Weinstein wird mit Salzsäure extrahirt, das Filtrat mit Natronlauge neutralisirt und sämmtliche Weinsäure mit Chlorcalcium als weinsaurer Kalk gefällt. Der Niederschlag wird ausgewaschen, getrocknet und calcinirt; im Glührückstand wird der kohlensaure Kalk volumetrisch oder der Kalk gewichtsanalytisch bestimmt und das Resultat auf Weinstein umgerechnet. 1 Mol. Weinstein = 1 Mol. Ca CO_3.

III. Ist der Weinstein rein und frei von fremden Säuren (bzw. Alkali absorbirenden Substanzen), so kann er direkt wie Weinsäure mit Normal-Natron titrirt werden. Es werden 2—3 g titrirt. 1 ccm Normal-Natron = 0,188 g Weinstein.

Anwendung. Hauptsächlich als Ansud in der Wollenfärberei zusammen mit Kaliumbichromat; in jüngster Zeit wird dem Weinstein durch billigere Ersatzprodukte energisch Konkurrenz gemacht. Die meisten Geheimmittel, die als Weinsteinersatz angepriesen werden, bestehen aus Oxalsäure, Kochsalz, Alaun, Glaubersalz und ähnlichen Produkten. Herzinger veröffentlicht folgenden Weinsteinersatz: 2 Th. Kochsalz, 2 Th. Weinsäure, 5 Th. Glaubersalz werden gemischt und die Mischung einige Zeit stehen gelassen; dann werden auf 4 Liter Wasser 200 g Zinnsalz und 400 g Schwefelsäure zugesetzt. — „Weinsteinpräparat" = Natriumbisulfat (s. d.)

Brechweinstein, weinsaures Kalium-Antimonyl.

$$C_4 H_4 O_6 K (Sb O) + \tfrac{1}{2} H_2 O = 332; \ L. k. W. = 7 : 100; \ h. W. = 53 : 100. - 43,4\% \ \text{Antimonoxyd.}$$

Antimon- und Weinsäuregehalt sind ausschlaggebend. Als Verunreinigung kommt hauptsächlich Oxalsäure vor, die im Filtrat von Antimon nach dem Austreiben des Schwefelwasserstoffs mit Ammoniak und Chlorcalcium- bzw. Gypslösung nachweisbar ist.

Antimon. a) 10 g Substanz werden zu 1000 ccm gelöst und in 50 ccm (= 0,5 g Subst.) das Antimon durch Schwefelwasserstoff gefällt, auf ein bei 100° getrocknetes und gewogenes Filter gebracht, bei 100° getrocknet und als Sulfid ($Sb_2 S_3$) gewogen.

b) 50 ccm obiger Lösung werden mit 20 ccm einer 10 proc. Natriumbikarbonatlösung und 25 ccm einer 2 proc. Chlorkalklösung versetzt und gut umgerührt; bei genügendem Chlorkalkzusatz erzeugt jetzt 1 Tropfen mit Jodkaliumstärkepapier Blaufärbung. Es wird nun mit $\frac{1}{10}$ norm. Natriumarsenitlösung titrirt, bis ein Tropfen der Lösung auf Jodkaliumstärkepapier getupft, keine Blaufärbung mehr giebt. Es wird dann die zugesetzte Chlorkalkmenge für sich titrirt und das zur Oxydation des Antimons verbrauchte Chlor auf Arsenit berechnet (W. B. Hart). 1 ccm $\frac{1}{10}$ norm. Natriumarsenitlösung = 0,006 g Sb = 0,0072 g Antimontrioxyd ($Sb_2 O_3$).

Beispiel: 0,5 g Brechweinstein, 25 ccm Chlorkalklösung, 7,5 ccm $\frac{1}{10}$ norm. Arsenitlösung (25 ccm Chlorkalklösung verbrauchen 36,5 ccm Arsenit); 36,5 — 7,5 = 29 ccm Arsenitlösung durch Antimon verbraucht:

$$\frac{0,0072 . 29 . 100}{0,5} = 41,76\% \ Sb_2 O_3.$$

Weinsäure. Das weinsäurehaltige Filtrat des Antimonsulfids wird durch Kochen vom überschüssigen Schwefelwasserstoff befreit und die Weinsäure darin nach einem der Schemata, die unter Weinstein angeführt sind (s. d.), z. B. nach Schema II bestimmt. Es sei hervorgehoben, dass der Antimongehalt nicht allein beweisend für die Reinheit des Präparates ist, weil der Brechweinstein durch andere Antimonsalze, z. B. Oxalate, fluorhaltige Präparate etc. verfälscht sein kann, deren Antimongehalt unter Umständen noch grösser ist, als beim Brechweinstein selbst. (Antimonsalz: $Sb\,F_3 + (NH_4)_2\,SO_4$ enthält z. B. 47 % $Sb_2\,O_3$, Doppelt-Antimonfluorid: $Sb\,F_3 + Na\,F$ enthält 66 % $Sb_2\,O_3$.)

Anwendung. Als Baumwollbeize in Verbindung mit Gerbsäure (zur Fixation basischer Farbstoffe); dafür auch das oxalsaure Antimonoxydkali eingeführt ($K_3\,Sb\,(C_2\,O_4)_3 + 6\,aq = 23{,}7$% $Sb_2\,O_3$), letzteres vermag den Brechweinstein jedoch nicht in allen Fällen zu ersetzen. Ein anderes Ersatzmittel ist das Antimonsalz oder „Brechweinsteinersatz" (s. o.). — Der Brechweinstein dient ferner als Ausgangsmaterial für das wenig gebrauchte weinsaure Anilin.

Citronensäure.

$C_3\,H_4\,(OH)\,(CO\,OH)_3 + aq = 210$; im Wasser leicht löslich.

Meist als Citronensaft verwendet, der als 25 proc. Syrup im Handel erscheint. Vielfach durch billigere Säuren, wie Oxalsäure, Weinsäure, Schwefelsäure verunreinigt, bzw. verfälscht. Auch kommen schwere Metalle darin vor. Oxalsäure wird mit Kalkwasser und Ammoniak, bzw. mit Gyps- oder Chlorcalciumlösung nachgewiesen. Weinsäure wird durch einstündiges Erhitzen mit konc. Schwefelsäure bei 60—70° erwiesen: ist Weinsäure zugegen, so tritt Schwärzung bis Bräunung ein (0,5% Weinsäure ist so noch deutlich nachweisbar). — Im Uebrigen wird die Citronensäure bzw. der Citronensaft titrirt. 50 g : 1000 ccm gelöst und 100 ccm mit Normallauge und Phenolphtaleïn titrirt. 1 ccm Normallauge ist 0,07 g krystallisirte = 0,064 g wasserfr. Citronensäure.

Anwendung. In Folge des hohen Preises wenig angewandt. Hauptsächlich in der Seidenfärberei zur Avivage (Citronensaft); ferner als Aetzmittel bei Alizarinfarben; dann wie Oxalsäure zum Wegätzen von Thonerde und Eisen auf der Faser; in der Appretur seidener Waaren.

Milchsäure.

$CH_2\,(OH)\,.\,CH_2\,.\,CO\,OH = 90$; in Wasser zerfliesslich.

Die Milchsäure kommt in allerjüngster Zeit als Ersatz für Weinstein, Oxalsäure und Weinsteinersatzpräparate in den Handel, meist als 50 proc. syrupdicke Masse. Ihr Gehalt wird titrimetrisch wie bei den übrigen organischen Säuren mit Normal-Natron und Phenolphtaleïn bestimmt. 1 ccm norm. Natronlauge = 0,09 g Milchsäure. Als Verunreinigungen treten auf: Schwefelsäure, Essigsäure, Oxalsäure. Sind diese in beträchtlicher Menge vorhanden, so ist eine quantitative, nicht titrimetrische Untersuchung unter Umständen von Werth. Bei Gegenwart von Oxalsäure muss diese natürlich in Abzug gebracht werden.

Milchsäure. 1 g Milchsäure wird in 100 ccm Wasser gelöst, mit 3 g Aetzkali (in wenig Wasser) versetzt und eine 5 proc. Kaliumpermanganatlösung unter fortwährendem Umschütteln hinzugefügt, bis die anfangs grüne Flüssigkeit eine blau schwarze Färbung angenommen hat, die auch bei dem folgenden Aufkochen bestehen bleibt. Hierbei fällt Mangansuperoxyd aus. Nach dem Erkalten wird Wasserstoffsuperoxyd bis zur Farblosigkeit der Flüssigkeitsschicht zugesetzt und nochmals aufgekocht. Der Niederschlag wird abfiltrirt, mit heissem Wasser ausgewaschen und im Filtrate die Oxalsäure nach bekannter Methode bestimmt. Der Vorgang verläuft: $C_3H_6O_3 + 5O = CO_2 + C_2H_2O_4 + 2H_2O$. (Ulzer und Seidel, Monatsh. f. Chemie 1897. S. 138.)

Anwendung. Hauptsächlich als Wollansudhilfsmittel in Verbindung mit Kaliumbichromat; desgleichen mit Schwefelsäure und $K_2Cr_2O_7$; auch als saures Kalisalz empfohlen (Lactolin). Soll bessere Deckung geben wie Weinstein. Zum Schönen von Seide vorgeschlagen. Als Zink- etc. Salze von der Firma Böhringer in den Handel gebracht.

Cyanverbindungen.

Rhodansalze.

C N S — R, wo R — das Metall bedeutet.

Dez Rhodangehalt kann in salpetersaurer Lösung mit Silbernitrat titrirt werden (umgekehrte Silbertitration, bzw. Chlortitration nach Volhard). Es ist auch hier wie bei der Kupfertitration (s. d.) mit Rhodanammonium wichtig, dass Silbernitrat im Ueberschuss zugesetzt, dann erst mit Salpetersäure angesäuert und mit $\frac{1}{10}$ norm. Rhodanammonlösung zurücktitrirt wird. 1 Rhodanalkali = 1 Ag NO$_3$. 1 ccm $\frac{1}{10}$ norm. Silbernitrat = 0,0097 g Rhodankalium (K C N S). — Neutrale Salze können direkt mit Silberlösung und Kaliumchromat titrirt werden.

Die Anwendung der Rhodanverbindungen im Zeugdruck ist eine sehr beschränkte, in der Färberei werden sie garnicht gebraucht.

Rhodanthonerde für Alizarine und als Reservage für Anilinschwarz.

Rhodanzinn für Alizarinfarben.

Rhodanchrom statt essigsauren Chromes für Seide und Halbseide.

Rhodankalium ist wegen seiner leichten Zersetzbarkeit als Aetzmittel bzw. Reservage in Anwendung. Es wird mit einer passenden Verdickung aufgedruckt.

Rhodanbaryum nur versuchsweise angewendet.

Rhodankupfer (Kupferrhodanür) des Kupfergehaltes wegen, jedoch sehr beschränkt gebraucht.

Ferrocyankalium, Gelbes Blutlaugensalz; Ferrocyannatrium.

$K_4 Fe(CN)_6 + 3\ aq = 422$; L. k. W. $= 28:100$; h. W. $= 100:100$.

$Na_4 Fe(CN)_6 + 10\ aq = 484$; sehr leicht löslich.

Das Ferrocyankalium und das weniger gebrauchte Ferrocyannatrium sind bisweilen verunreinigt durch: Kaliumsulfat, Kaliumkarbonat und Chloride, das Kaliumsalz durch das Natronsalz. Diese Verunreinigungen werden entweder in der Lösung direkt oder in der mit Salpeter im Porzellantiegel erhaltenen Schmelze und deren wässerigen Auszug nachgewiesen (Cl). — Das Ferrocyankalium bzw. -natrium wird titrimetrisch wie folgt bestimmt:

I. 20 g des Musters werden zu 1000 ccm gelöst; 20 ccm der Lösung $+$ 250 ccm Wasser $+$ 20 ccm Schwefelsäure $(1:3)$ werden mit $^1/_5$ norm. Chamäleon titrirt, bis Rothfärbung eintritt. 1 ccm $^1/_5$ norm. Chamäleon $= 0{,}0112\ g\ Fe = 0{,}0845\ g$ gelbes Blutlaugensalz ($Fe \times 7{,}546 = $ Ferrocyankalium). Die zur Anwendung gelangende Chamäleonlösung kann entweder gegen Eisen eingestellt werden, oder es empfiehlt sich auch, gegen chemisch reines gelbes Blutlaugensalz einzustellen $(20:1000$ ccm gelöst, 10 ccm titrirt). Werden z. B. 50 ccm Chamäleonlösung verbraucht, so entspricht in diesem Falle je 1 ccm Chamäleon $= 0{,}004\ g$ Blutlaugensalz, bzw. $= 2\,\%$; je 0,5 ccm Chamäleon $= 1\,\%$ Blutlaugensalz. Obige Verdünnung muss innegehalten werden, da bei koncentrirteren Lösungen der Endpunkt nicht so scharf zu treffen ist. Gintl (Zeitschr. für analytische Chemie 6, 446) setzt eine Spur Ferrichlorid zu (als Indikator) und titrirt auf Verschwinden der Blaufärbung (s. a. Fresenius, Quant. An. I, S. 498).

II. Es kann aber auch, falls kohlensaures Kalium nicht vorhanden, mit einer Zinksulfatlösung von bestimmtem Gehalt in ammoniakalisch - weinsaurer Lösung titrirt werden (Umgekehrte Zinksalztitration, s. a. Chemiker-Zeitung 1890, S. 323, Donath und Hattensauer.)

$$1 \, K_4 \, Fe \, (CN)_6 = 2 \; Mol. \; Zinksalz \; (2 \; Atome \; Zink).$$
$$1 \; Gew.\text{-}Theil \; K_4 \, Fe \, Cy_6 = 0{,}3074 \; Th. \; Zink.$$

Das Zink ist sämmtlich ausgefällt, wenn eine vorgenommene Tüpfelung der Lösung mit Eisenchlorid + Eisessig Blaufärbung zu geben beginnt; man muss darnach also die Ferrocyankaliumlösung in die Zinksalzlösung einfliessen lassen, oder es wird von Anfang an dem Zinksalz (am besten Zinksulfat) etwas Eisenchlorid zugesetzt, das durch Ferrocyankalium unausgefällt bleibt.

Anwendung. Hauptsächlich zur Darstellung von Berliner Blau auf Baumwolle, Wolle und Seide, besonders für Seide als Untergrund für Schwarz; ferner bei Anilinschwarz (sehr beschränkt).

Ferricyankalium, Rothes Blutlaugensalz.

$$K_6 \, Fe_2 \, (CN)_{12} = 658; \quad L. \, k. \, W. = 40 : 100; \quad h. \, W. = 80 : 100.$$

Die Hauptverunreinigungen sind Sulfat und Ferrocyankalium. Sulfat wird bestimmt wie beim gelben Blutlaugensalz, Ferrosalz durch direkte Titration mit Chamäleon, nur kann man hier zweckmässig $^1/_{25}$ norm. Chamäleon nehmen. — Der Ferricyankaliumgehalt wird indirekt durch Titration des zu Ferrocyankalium reducirten Salzes, wie letzteres mit Chamäleon bestimmt.

Die Reduktion wird nach Gintl (Mohr, Titrirmethoden 6. Aufl. S. 237) einfach mit Natriumamalgam bewerkstelligt: einige erbsengrosse Stücke Na-Amalgam werden in die neutrale oder alkalische Lösung gebracht, welche in 10 Min. sämmtliches Ferrisalz zu Ferrosalz reduciren. Dieses seinerseits wird mit $^1/_5$ norm. Kaliumpermanganat titrirt.   1 ccm $^1/_5$ norm. $K \, Mn \, O_4 = 0{,}0112 \, g \; Fe = 0{,}1318 \, g$ Ferricyankalium.

Anwendung. Als Oxydationsmittel für Dampfanilinschwarz; als Aetzmittel für Indigo, Alizarinblau, Cöruleïn etc. (Mg O oder Wasserglas werden dabei als Verdünnungsmittel zugesetzt); ferner wird es bisweilen bei Holzschwarz zur Oxydation des Blauholzfarbstoffes gebraucht.

Fettstoffe.

Seife.

Die Seifen bestehen hauptsächlich aus neutralem fettsauren Alkali, Kalium oder Natrium, und Wasser, nebst grösseren oder geringeren Verunreinigungen von Kochsalz, freiem Alkali, kohlensaurem Alkali, event. auch unverseiftem Fett, Glycerin etc. Je geringer diese Verunreinigungen sind, desto höher ist der Werth der Seife.

Natronseifen werden — weil ausgekernt — auch Kernseifen genannt; enthalten sie künstlichen Wasserzusatz, so nennt man sie „geschliffene Seifen" und enthalten sie die Bestandtheile der Ablaugen, so heissen sie „Füllseifen" oder „gefüllte Seifen". Diese Füllseifen enthalten also grössere Mengen Glycerin, Aetznatron, Kochsalz etc.

Kaliseifen dürfen wegen der sonst eintretenden Umsetzung in Natronseifen und Chlorkalium mit Kochsalz nicht ausgesalzen werden, sie enthalten deshalb, ähnlich den Füllseifen, sämmtliche Ablaugenverunreinigungen, wie Glycerin, überschüssiges Aetzkali etc. und heissen ihrer Konsistenz wegen schlechtweg „Schmierseifen".

Ausser diesen reinen Seifen kommen auch noch Zusatzseifen in den Handel, die mit einer Menge verschiedenster Stoffe versetzt sind, wie z. B. mit Wasserglas, Kreide, Stärke, Borax, Kieselguhr, Glaubersalz, Mineralöl, Thon, Barytweiss etc. etc. (Eschweger Seifen, Leimseifen). Solche Zusatzseifen sind in der Textilindustrie indessen verpönt und finden hauptsächlich als Toilettenseifen Verwendung. Die Verunreinigungen werden am leichtesten durch Lösen der Seife in absolutem Alkohol oder in der Asche nachgewiesen. Wir befassen uns hier jedoch nur mit den reinen Seifen.

Die Zusammensetzung der Seifen ist eine sehr variirende, und für jeden speciellen Fall sind auch verschiedene Anforderungen an eine Seife zu stellen. So stellt sich z. B. nach Calvert die Zusammensetzung von Normalseifen für die verschiedenen Konsumenten folgendermaassen:

	Fettsäure	Natron	Wasser
Normalseife für Kattundrucker	64,0 %	6,0 %	30 %
- - Kattunfärber	66,0 -	7,0 -	27 -
- - Seidenfärber	61,9 -	8,1 -	30 -
- - Wollenmanufaktur	61,4 -	8,6 -	30 -
Beste Seife für Krappviolett	60,4 -	5,6 -	34 -

Der Grund für die verschiedenartige Zusammensetzung der Seifen ist darin zu suchen, dass zur Seifenfabrikation die verschiedensten Oele und Fette angewendet werden, die die verschiedensten Bindungskapacitäten gegenüber dem Alkali und dem Wasser zeigen. So kommen zur Verwendung: Olivenöl, Olivenöl + Bariöl, Bariöl, Barioleïnsäure, Palmöl, Kokosnussöl, Talg, Hanföl, Rüböl, Leinöl etc. Vorausgesetzt, dass die Seife keine künstlichen Zusätze enthält, interessirt bei einer Seife zumeist: die Fettsäure, das Gesammtalkali, das freie Alkali, unverseiftes Fett. Von grösstem Interesse ist ferner die Natur, die Qualität der Fettsäure, weniger wichtig der Kochsalzgehalt. Der Wassergehalt, der sich übrigens aus der Differenz von selbst ergiebt, kann zweckmässig auch direkt bestimmt werden. (R. Benedikt: Analyse der Fette und Wachsarten. — C. Schädler: Untersuchung der Fette, Oele und Wachsarten.)

Man führt eine Seifenanalyse am schnellsten und genauesten aus, wenn man sich eine Generallösung darstellt und in dieser möglichst sämmtliche Bestandtheile ermittelt.

Analyse.

20—25 g Seife (aus dem Innern) werden zu 1000 ccm gelöst.

Wasser. 50 ccm dieser Lösung werden in einer Porcellanschale, die sammt ca. 10 g geglühtem Quarzsand und kleinem Glasspätelchen gewogen ist, auf dem Wasserbade zur Trockne verdampft und bei 100⁰ mit Zusatz von etwas Alkohol bis zur Konstanz getrocknet. Der Zusatz von Alkohol (einige ccm) beschleunigt sehr das Verdunsten der letzten Wasserreste. Der Gewichtsverlust ist Wasser. Diese Methode ist schneller und genauer als das sonst übliche Trocknen von geschabter Seife, erst bei 50—70⁰ und dann bei 100⁰. Man findet auf letztere Weise gewöhnlich etwas zu wenig Wasser, das im Innern der Seife eingeschlossen bleibt.

Fettsäure. a) 100 ccm der Lösung werden mit 20 ccm Normal-Schwefelsäure in einem sammt Glasstab gewogenen dünnwandigen Becherglase zersetzt und auf dem Wasserbade unter Umrühren erhitzt, bis sich die Fettsäure als eine klare Schicht abgeschieden hat und die untenstehende wässerige Masse fast ganz durchsichtig geworden ist. Alsdann wird heiss durch ein bei 100⁰ getrocknetes und gewogenes Filter von bestem schwedischen Papier filtrirt und mit heissem Wasser gewaschen, bis das Filtrat nicht mehr sauer auf empfindliches neutrales Lakmuspapier reagirt (Filtrat für Gesammtalkali zurückgestellt). Es sind dazu in der Regel 200 ccm heissen destillirten Wassers ausreichend. Das die Fettsäure enthaltende Filter wird alsdann in das vorher gewogene und zur Zersetzung benutzte Becherglas gebracht, der Trichter, falls er Fettspuren zeigt, getrocknet und mit ein paar ccm Petroläther in dasselbe Glas gespült und bei 100° bis zur Konstanz getrocknet. Das Mehrgewicht des Becherglases gegen früher = Fettsäurehydrat, das durch Abzug von 3,25 % in Fettsäureanhydrid verrechnet werden kann. — Das Filtrat muss völlig klar und frei von jeden Fettspuren und Fettaugen sein; andernfalls liegt die Schuld an einem für den Zweck ungeeigneten Papier, schlechtem Befeuchten des Filters vor der Filtration, oder dem „Kriechen“ der geschmolzenen Fettsäure längs´der Filterfalten über den Rand herüber.

Anstatt eines gewogenen Filters nimmt man nach Gawalovsky (Zeitschr. f. anal. Chemie 24, 219) lieber ein gewöhnliches ungewogenes und spült nach dem Erstarren der Fettsäure diese mit Petroläther in das Becherglas. Ist die Fettsäure bzw. das Filter feucht, so befeuchtet man es erst mit einigen ccm Alkohol, wodurch das Wasser entfernt wird und der Petroläther durchfiltrirt. Das Filter muss so lange mit Petroläther ausgespült werden, bis im Filtrat keine Fettspuren mehr nachweisbar sind. Dieses geschieht am Besten durch Verdunsten von ca. 10 Tropfen des Filtrates auf einem Uhrglase. — Gawalovsky giebt an, dass beim Trocknen der Fettsäure mitsammt dem Filter Kapillarzersetzungen vor sich gehen, die jedoch nach meinen Erfahrungen bei rationellem Arbeiten 0,05—0,1% kaum übersteigen. Andrerseits ist das Trocknen mit dem Filter ungleich bequemer zu handhaben und schneller auszuführen.

b) Wachsmethode. Anstatt die mit Schwefelsäure ausgeschiedenen Fettsäuren zu filtriren, können sie auch mit etwa 10 g reinen Wachses (trocken und an Wasser nichts abgebend) zu einem Kuchen verschmolzen werden. Das Becherglas wird alsdann rasch zum Erkalten gebracht (Eisschrank, kaltes Wasser), damit der Wachskuchen sich glatt vom Glase ablöst. Der Wachskuchen wird mit kaltem Wasser abgespült, von den anhängenden Wassertröpfchen mit Fliesspapier befreit und im Exsikkator über Schwefelsäure getrocknet. — Die Operation muss so geleitet werden, dass sich der Wachs- (bzw. Paraffin-)kuchen völlig glatt, ohne Fett-

und Wachsspuren am Glase zu hinterlassen, ablöst, was bei einiger Uebung gelingt. Ist dieses nicht gelungen, so kann der am Glase anhängende Rest nach dem Trocknen für sich gewogen, das Gewicht des Glases in Abrechnung gebracht und die Differenz zu dem Hauptgewicht des Wachskuchens hinzuaddirt werden. Diese Methode liefert meist ein ziemliches Mehr gegen die vorhergehende, da stets mehr oder weniger Wasser im Innern des Wachskuchens eingeschlossen bleibt, das durch ein noch so langes Trocknen im Exsikkator nicht zu entfernen ist.

Gesammtalkali. a) Das bei der Fettsäurebestimmung erhaltene Filtrat bzw. die nach dem Abheben und Abspülen des Wachskuchens zurückbleibende Lösung wird mit Normalnatron und Phenolphtaleïn zurücktitrirt. Die hier verbrauchten ccm Normalnatron, von den anfänglich zugesetzten 20 ccm Normalsäure abgezogen, entsprechen den 100 ccm Seifenlösung. Je 1 ccm Normalschwefelsäure $= 0{,}031$ g $Na_2 O$.

b) Man kann aber auch 100 ccm der Seifenlösung direkt mit Normalsäure und Methylorange bis zur beginnenden Rothfärbung titriren. Es stimmen diese Resultate recht gut mit den nach a) ermittelten überein. 1 ccm Normalsäure $= 0{,}031$ g $Na_2 O$.

Kochsalz. Die zur Bestimmung des Gesammtalkalis benutzte Lösung kann weiter zur Chlornatriumbestimmung benutzt werden. Falls sie schwach roth gefärbt ist, wird sie erst mit 1 Tropfen $^1/_{10}$ norm. Schwefelsäure oder auch durch den kohlensäurehaltigen Athem entfärbt, mit einigen Tropfen neutralen chromsauren Kalis versetzt und mit $^1/_{10}$ norm. Silbernitratlösung bis zur beginnenden Bräunung titrirt. 1 ccm $^1/_{10}$ norm. Silbernitratlösung $=$ 0,00584 g $Na\,Cl$. — Eine gute Kernseife enthält gewöhnlich 0,4 bis 0,8 $\%$ $Na\,Cl$.

Freies Alkali. Die Bestimmung des freien Alkalis gehört zu den subtileren Untersuchungen, da es sich häufig nur um hundertstel Procente handelt und ein Gehalt von nur 0,1 $\%$ manchmal schon durchaus unzulässig ist. Man kann sich annähernd durch Betupfen einer frischen Schnittfläche mit Quecksilberchloridlösung von der Alkalinität einer Seife überzeugen: Es tritt je nach der Menge freien Alkalis braungelbe bis rothbraune Färbung auf, desgleichen kann man auch durch Anlegen einer frischen Schnittfläche an die Zunge (Schmeckversuch) den Grad der Alkalinität annähernd beurtheilen.

Von den vielen chemischen Methoden zur quantitativen Aetznatronbestimmung ist folgende Methode als die zuverlässigste und schnellst auszuführende zu bezeichnen.

a) 500 ccm der Lösung (ca. 10—12 g Seife). werden mit 200 g Kochsalz (neutralem oder von bestimmter Alkalinität, die mit in Rechnung gezogen wird) in einem Kolben mit Bunsen'schem Ventil auf dem Wasserbade erhitzt, bis sämmtliches Salz gelöst, sich die Seife kernig ausgeschieden hat und die darunterstehende Wasserschicht klar geworden ist. Dann wird erkalten lassen, durch ein grosses Faltenfilter in einen Literkolben filtrirt, mit einer gesättigten Kochsalzlösung nachgespült und auf 1 Liter aufgefüllt. Jetzt werden 500 ccm in ein Becherglas gebracht, mit überschüssiger Baryumchloridlösung versetzt, wobei das Karbonat ausfällt (s. Aetznatron und Soda) und ohne zu filtriren mit $^1/_{10}$ norm. Salzsäure und Methylorange (nicht Phenolphtaleïn) bis zur beginnenden Röthung titrirt. 1 ccm $^1/_{10}$ norm. Salzsäure == 0,0031 g Na_2O als Aetznatron. Die anderen 500 ccm werden ohne Zusatz von Baryumchlorid mit $^1/_{10}$ norm. Salzsäure und Methylorange titrirt. 1 ccm $^1/_{10}$ norm. Salzsäure == 0,0031 g Na_2O als Soda + Aetznatron. Die Differenz beider Titrationen == der Sodagehalt.

Bei den kleinen Mengen Aetznatron, die für gewöhnlich in Betracht kommen, ist es jedoch unerlässlich, eine Korrektur folgender Art anzubringen. Es werden 200 g Kochsalz derselben Qualität genau unter denselben Umständen gelöst, filtrirt, auf 1000 ccm gebracht und je 500 ccm mit und ohne Baryumchlorid mit $^1/_{10}$ norm. Salzsäure und Methylorange titrirt. Die hier nöthigen ccm $^1/_{10}$ Salzsäure bis zum Eintritt der beginnenden Rothfärbung (Orangefärbung) werden von denjenigen bei der Seifentitration verbrauchten ccm abgezogen. Dieser Säureverbrauch bis zur Endreaktion ist jedoch nicht nur auf Kosten der Alkalinität des Kochsalzes zu rechnen; es tritt vielmehr auch bei ganz neutralem Kochsalz ein, weil die Empfindlichkeit der Indikatoren in so verdünnter Lösung und in koncentrirten Salzlösungen eine kleinere ist als in kurzen Lösungen mit geringem Salzgehalt. Andrerseits aber ist eine gewisse Verdünnung unerlässlich, weil in koncentrirteren Lösungen der Seife diese stets etwas Alkali beim Ausfallen mit einschliesst, das nicht mitgemessen würde. Die Anwendung von Phenolphtaleïn in dieser Verdünnung und in Gegenwart des vielen Kochsalzes muss völlig ausgeschlossen und als unzuverlässlich bezeichnet werden.

Hat man es mit einer sehr neutralen Seife zu thun, so reicht das Quantum von 10—12 g nicht aus, und wird es geboten sein, eine neue grössere Probe zu nehmen. Man nimmt oft 30—50 g Seife, löst sie in ca. 500 ccm Wasser, fällt die Seife 'mit 200 g Kochsalz wie oben, filtrirt, wenn erkaltet, in 500 ccm-Kolben, füllt auf, theilt in je 250 ccm u. s. w. Genau wie eben beschrieben, wird die eine Hälfte mit, die andere ohne Baryumchlorid mit $^1/_{10}$ norm. Säure titrirt.

b) 7—8 g Seife werden sehr koncentrirt in 40—50 ccm Wasser gelöst, mit Kochsalz ausgesalzen, filtrirt, eingedampft, mit absolutem Alkohol ausgezogen, wobei Alkalikarbonat unlöslich zurückbleibt, und mit $^1/_{10}$ norm. Salzsäure nach dem Verdünnen mit Wasser titrirt. Diese Methode, die noch vielfach angewendet wird, ist als durchaus fehlerhaft zu bezeichnen, weil 1) in der koncentrirten Seifenlösung Aetznatron nachgewiesenermaassen in der Seife eingeschlossen bleibt, 2) durch Eindampfen der Lösung dem Aetznatron zu viel Gelegenheit geboten wird, Kohlensäure aus der Luft anzuziehen, 3) der Alkohol die Empfindlichkeit der Endreaktion sehr herabsetzt.

c) ca. 30 g Seife werden in säurefreiem Alkohol gelöst und filtrirt. Das Filtrat wird mit Phenolphtaleïn und $^1/_{10}$ norm. Salzsäure titrirt. Diese Methode ist ebenfalls sehr ungenau, weil 1) Phenolphtaleïn in alkoholischer Lösung ausserordentlich unempfindlich ist, 2) Phenolphtaleïn ausserdem stets etwas Alkali absorbirt. Ueberdies reagiren die meisten alkoholischen Seifenlösungen mit Phenolphtaleïn überhaupt nicht alkalisch, selbst wenn sie 0,1 % freies Natron enthalten (s. a. C. und N. Draper, Chem. News, 55, 133; Zeitschr. für anal. Chem. 1888, 54; Gawalovsky, Zeitschr. für anal. Chem. 1888, 155; Hope, Chem. News, 43, 219).

d) Völlig ungenau und unhandlich ist das Verfahren von Moffit: 10 g Seife in 150—180 ccm Alkohol zu lösen, filtriren, den Rückstand im Warmwassertrichter mit Alkohol waschen und einen Strom gut gewaschener Kohlensäure auf die Oberfläche der Flüssigkeit leiten, wobei sich Alkali als Karbonat ausscheidet. Dieses wird abfiltrirt, gewaschen (mit Alkohol), in Wasser gelöst und nach bekannter Art titrirt (s. a. W. Waltke, Chem. Ztg. 1896, 16, 137).

Alkalikarbonat. Das Alkalikarbonat braucht oft nicht speciell bestimmt zu werden, da es selbst in Fällen, wo Abwesenheit von freiem Alkali am dringendsten gefordert wird, wenig von

Belang ist, indem es den Kalkgehalt der meisten technischen Wässer nur vortheilhaft zu paralysiren vermag. Natürlich wäre ein bedeutender Ueberschuss von Soda ebenfalls sehr schädlich; es liegt jedoch in der Natur der Seifenfabrikation, dass ein solcher fast immer im bestimmten Verhältniss zum freien Aetznatron steht. Im Uebrigen kann der Sodagehalt bestimmt werden, wie es unter freiem Alkali bereits besprochen ist: Das Filtrat vom ausgekernten Seifenkuchen wird mit und ohne Baryumchlorid mit $^1/_{10}$ norm. Salzsäure und Methylorange titrirt. Je 1 ccm $^1/_{10}$ norm. Salzsäure der Differenz $= 0,0031$ g Na_2O als Natriumkarbonat. Die Schädlichkeit des Sodagehaltes ist, wie bereits angedeutet, von der Härte bzw. dem Kalkgehalt des Wassers abhängig (s. a. Ueber die Bestimmung von kohlensaurem, kieselsaurem, borsaurem Natron in Seifen von W. Waltke & Cie., Chem. Ztg. 1896 No. 3 S. 20).

Glycerinbestimmung. Zur Glycerinbestimmung kann entweder die Partie, welche bei der Gesammtalkalibestimmung oder der Kochsalzbestimmung oder endlich der Aetznatronbestimmung übrig bleibt, Verwendung finden. Der ganze oder ein aliquoter Theil wird zur Trockne gedampft, mit absolutem Alkohol bei 80^0 C. ausgezogen und verdampft. Wenn das so erhaltene Glycerin unrein ist, kann es weiter nach Benedikt und Zsigmondy in alkalischer Lösung mit Chamäleon titrirt werden (s. Benedikt).

$$C_3H_5(OH)_3 + 3 O_2 = C_2O_4H_2 + CO_2 + 3 H_2O.$$

1 Glycerin $= 2 \, K \, Mn \, O_4$.

Oder aber — und das ist bei kleineren Glycerinmengen stets vorzuziehen — man nimmt eine neue grössere Seifenprobe (20 bis 25 g), löst in 100 ccm Wasser, setzt Schwefelsäure bis zur sauren Reaktion zu, entfernt die Fettsäure nach einer der obigen Methoden mit Wachs oder durch Filtration, neutralisirt das Filtrat mit kohlensaurem Kali, verdampft zur Trockne, zerreibt in einem Mörser und extrahirt mit absolutem Alkohol. Alsdann wird in ein tarirtes Becherglas filtrirt und bis zur Konstanz auf dem Wasserbade oder besser bei $50—60^0$ erhitzt. Der Inhalt ist Glycerin, das noch durch oben erwähnte Chamäleontitration kontrollirt werden kann.

Unverseiftes Fett. Sehr fein zerriebenes Seifenpulver (wenn der Wassergehalt bestimmt ist, kann das trockene Seifenpulver abgewogen werden, sonst die feuchte Seife, die erst getrocknet werden muss), ca. 25—30 g, werden im Soxhlet'schen Extraktionsapparat mit Petroläther 3—4 h. lang extrahirt, der Petroläther verdampft und das Fett gewogen. Da auch Seife in Petroläther spurenweise löslich ist, muss erstens von der im Soxhlet-Kölbchen etwa sich abgeschiedenen Seife abgegossen werden, dieses ausgespült und die Korrektur der Seifenlöslichkeit im Petroleumäther angebracht werden: 100 ccm Petroleumäther lösen 0,01 g Marseiller Seife.

Schmelz- und Erstarrungspunkt der Fettsäure. Man wird sich gewöhnlich zur Erkennung der Natur der Fettsäuren darauf beschränken, den Schmelz- und Erstarrungspunkt festzustellen. Seltener wird man das spec. Gewicht, die Jodzahl etc. festzustellen brauchen. Darüber s. a. Benedikt, Analyse der Fette und Wachsarten, Abschnitt X und XI.

Die mit verdünnter Schwefelsäure aus einer siedenden koncentrirten Seifenlösung (100 : 800) im Becherglase abgeschiedene Fettsäure lässt man erkalten und mindestens 24 Stunden im Kühlen stehen. Man achte auf den beim Zersetzen der Seife auftretenden Geruch, der unter Umständen wesentliche Anhaltspunkte bieten kann. Nach dem Abnehmen und Trocknen (im Exsikkator) der Fettsäure wird der Schmelz- und Erstarrungspunkt ausgeführt. Beide müssen bei einem homogenen Produkte möglichst nahe beieinander liegen.

a) Bach (Chemiker-Zeitg. 7, 356) füllt die Fettsäure in ein enges dünnwandiges Probirröhrchen, lässt sie erstarren und erwärmt das Röhrchen in einem mit Wasser gefüllten Becherglase mit einem kleinen Flämmchen. Man rührt die Fettmasse mit einem Thermometer gelinde um und notirt den Punkt, bei dem die ganze Masse vollkommen klar wird, als Schmelzpunkt, und denjenigen, bei welchem sich um das Thermometer herum Wolken zu bilden anfangen, als Erstarrungspunkt.

b) Bensemann (Repert. der analyt. Chem. 4, 165) bestimmt den Anfangspunkt und Endpunkt des Schmelzens in folgender Weise: In ein auf die Hälfte seiner Länge verjüngtes und am verjüngten Ende zugeschmolzenes Glasrohr werden 2—3 Tropfen des Fettes gebracht, durch Neigen unmittelbar über der Verengungsstelle gesammelt und erstarren lassen (ein Aethertropfen genügt). Das so beschickte Röhrchen wird in senkrechter oder schwach geneigter Lage in ein mit kaltem Wasser gefülltes Becherglas gestellt, in welches ein Thermometer eintaucht. Man erwärmt mit einer kleinen Flamme möglichst langsam, bis der Fettsäuretropfen eben herabzufliessen beginnt. Die in diesem Augenblick beobachtete Temperatur ist der „Anfangspunkt des Schmelzens". Der herabfliessende noch trübe Tropfen wird bei weiterem Erwärmen durchsichtig = „Endpunkt des Schmelzens".

Ueberhaupt wird die Bestimmung des Schmelzpunktes in sehr verschiedener Weise vorgenommen, wobei die einzelnen Methoden abweichende Resultate ergeben. Es besteht die Unsicherheit, ob die Temperatur, bei welcher das Fett flüssig zu werden beginnt, oder wo es klar wird, als Schmelztemperatur zu bezeichnen ist. Im Allgemeinen wird ersteres fast durchweg angenommen, also da, wo nach Bensemann der Anfangspunkt des Schmelzens liegt.

c) So geben andere Methoden als Schmelzpunkt die Temperatur an, bei welcher z. B. das Aufsteigen des Fettes in einem beiderseits offenen, in erwärmtes Wasser gestellten Röhrchen stattfindet;

d) wieder andere geben den Schmelzpunkt an, wo das Loslösen und Aufsteigen von hohlen Glaskügelchen in einem weiten mit Fettsäure gefüllten Reagensglase stattfindet, in dem die Fettsäure stetig mit einem dünnen Thermometer gerührt wird.

e) Dementsprechend wird als Erstarrungspunkt die Temperatur bezeichnet, wo die hohlen Glasperlen, mit dem Thermometer in die unteren Theile des Reagensglases zurückgedrängt, eben nicht mehr aufzusteigen vermögen. Es bedarf dabei meist nur gewöhnlicher Wasserkühlung, dessen Temperatur mehrere Grade unter dem Schmelzpunkt zu liegen braucht.

Molekulargewicht der Fettsäure. Es giebt häufig das Molekulargewicht bzw. die Verseifungszahl der Fettsäure Aufschluss über die Natur des Fettes und angewandten Oeles. 5 g vollkommen wasserfreier Fettsäure werden in 60—70 ccm heissem neutralen Alkohol gelöst und mit normalalkoholischer Kalilauge und Phenolphtaleïn titrirt. Das Gewicht der angewandten Fettsäure, multiplicirt mit 1000, dividirt durch die verbrauchten ccm Normalkalilauge ergiebt das Molekulargewicht. z. B. 5 g Fettsäure verbrauchen 18 ccm norm. Kalilauge: $\dfrac{5 \cdot 1000}{18} = 277,7$ Mol.-Gew. Vorausgesetzt wird dabei stets eine einbasische Säure.

Harzgehalt. a) Ist die Seife frei von Kalisalzen und unverseiftem Fett, so kann man nach Barfoed die getrocknete Seife direkt mit Aetheralkohol extrahiren, worin fettsaures Natron unlöslich ist.

b) Enthält sie dagegen fettsaures Kali, so wird das Harz in der abgeschiedenen Fettsäure, mit der es zusammen gefällt wird, bestimmt (Barfoed, Zeitschr. für analyt. Chem. 14, 29). Dazu wird die Fettsäure mit Normallauge (bezw. stärkerer Natronlauge) neutralisirt, bei 100⁰ bis zur Konstanz getrocknet, mit 10 ccm (pro 1 g Subst.) absolutem Alkohol auf 80⁰ erwärmt, wobei sich das Harz und ein Theil des fettsauren Alkalis löst. Man lässt abkühlen, ergänzt den verflüchtigten Alkohol und setzt das fünffache Volumen an reinem Aether hinzu, wodurch das fettsaure Alkali vollkommen ausgeschieden wird, füllt dann mit Aether auf Volumen, schüttelt in den nächsten Stunden von Zeit zu Zeit durch, lässt 24—48 Stunden absitzen und pipettirt von der überstehenden klaren Flüssigkeit einen aliquoten Theil ab, den man in ein gewogenes Schälchen bringt, verdampft und bis zur Konstanz bei 100⁰ trocknet.

c) 2—3 g Harzfettsäuregemisch werden in einem Glaskölbchen in 25—30 ccm abs. Alkohol gelöst und trockenes Salzsäuregas eingeleitet (unter Kühlung des Kölbchens). Die Fettsäuren werden in den Aethylester umgewandelt, die Harzsäuren bleiben unverändert. Wenn kein Gas mehr absorbirt wird und die Aethylester sich abgeschieden haben (nach ca. ³/₄ St.) wird noch ¹/₂ St. stehen gelassen. Hiernach wird mit 100—125 ccm heissem Wasser versetzt und im Scheidetrichter mit 50—75 ccm Petroleumäther behandelt. Das Harz wird vom Petroleumäther gelöst, die Lösung erst mit Wasser gewaschen, dann mit 0,5 g Aetzkali (in 5 ccm Alkohol und 50 ccm Wasser) geschüttelt, wobei sich die Harzsäuren abscheiden und auf tarirtem Filter gewogen werden. (John Laudin, Chem.-Ztg. 1897. No. 4, S. 25.)

Anorganische und organische Zusätze können in der Asche bzw. in der wässerigen und alkoholischen Seifenlösung nachgewiesen werden. Die Hauptzusätze sind bereits eingehend genannt worden.

Anwendung. Im weitgehendsten Maasse für alle Gespinnstfasern; in der Seidenfärberei zum Entbasten, Seifeniren, Ausfärben; besonders in der Seidenschwarzfärberei (neutral); in der Baumwolldruckerei; in der Wollwäscherei mit Ammoniak zusammen; zum Färben der Wolle mit Alkaliblau; in der Wollwalkerei (auch hier muss freies Natron und Fett fehlen); zum Roussiren und Aviviren (freies Alkali unter Umständen schädlich). Im grossen Maassstabe auch in der Baumwollindustrie, zum Entfetten etc.

Bastseife.

Die Bastseife wird in der Färberei (Seidenfärberei) gewonnen und hängt die Güte von der Stärke von der angewandten Seife und der Beschaffenheit des Seidenbastes ab. In Ermangelung von Bastseife empfiehlt Sartori

1. In 15 Litern kochenden Wassers werden 400 g Marseiller Seife gelöst und eine Lösung von 100 g Leim zugesetzt. Zuletzt werden 0,05 Liter Provenceröl in kleinen Mengen eingetragen. Die Lösung soll kalt benutzt werden. (Färberei-Muster-Ztg. 1888, S. 333.)

2. Eine andere Vorschrift lautet: 25 g Marseiller Seife und 4—6 g Gelatine werden pro Liter Wasser gelöst.

3. Oder es werden 20 g Marseiller Seife mit 2 g Gelatine und 1 g Kochsalz pro Liter Wasser gelöst.

Anwendung in der Seidencouleurfärberei, meist in mit Schwefelsäure oder Essigsäure (Eosin) angesäuertem („gebrochenem") Bade. Oft wird auch noch Glaubersalz zugegeben (s. d.).

Türkischrothöl.

Unter dem Namen der „Türkischrothöle" oder „Rothöle" kommen sehr verschiedenartige Produkte in den Handel, die je nach dem angewandten Oel und der Behandlung zusammengesetzt sind. Es kommen u. a. zur Verarbeitung: Ricinusöl, Olivenöl, Tournantöl, Baumwollsamenöl, Rüböl, Cocosnussöl, Oelsäure und Gemische derselben. Das werthvollste Türkischrothöl ist das aus Ricinusöl hergestellte Produkt.

Hinsichtlich des Reaktionsprocesses schwanken die Meinungen (s. Benedikt 147 ff.). Der grösste Theil der Rothöle besteht wohl aus Ricinusölsäure, der kleinere — aber werthvollere Theil — aus Ricinusölschwefelsäure und aus Oxyölsäuren. Die Badische Anilin- und Sodafabrik bringt demgemäss 2 Marken in den Handel: Türkischrothöl D = Ricinusölsaures Natron und Türkischrothöl F = Ricinusölsulfosaures Natron (bzw. Ammon). Die Darstellung erfolgt durch rauchende Schwefelsäure auf obengenannte Oele und nachherige Neutralisation mit Soda („à la soude") oder Ammoniak („à l'ammoniaque").

Die Analyse der Rothöle wird ähnlich wie bei Seife ausgeführt. Vorprüfung: Das Oel muss schwach alkalisch oder neutral reagiren. Mit Wasser muss die Probe eine vollständige Emulsion liefern, die erst nach längerem Stehen Oeltropfen ausscheiden darf. Diese Oeltropfen müssen sich in Ammoniak klar lösen. Thun sie das nicht, so ist unverseiftes Fett darin enthalten.

Wasser. Nach Stein werden 10 g Oel mit 25 g trockenen Wachses zusammengeschmolzen in ca. 75 ccm gesättigter Kochsalzlösung. Der Kuchen wird getrocknet. Die Zunahme des Wachsgewichtes repräsentirt wasserfreies Oel; die Differenz zu 10 bzw. zum angewandten Gewicht Oel = Wasser.

Gesammtfett. (Brühl, Zeitschr, f. anal. Chem. 21, 448 und Stein, Berliner Berichte 12, 1174.) 4 g der Probe werden in einer dünnwandigen, halbkugelförmigen, vorher sammt Glasstab gewogenen Glasschale mit allmählich zugesetzten 20 ccm Wasser verrührt. Ist die Flüssigkeit trübe, so lässt man bis zur schwach alkalischen Reaktion Ammoniak zu (Phenolphtaleïnreaktion). Nun vermischt man mit 15 ccm Schwefelsäure (1 : 1), fügt 6—8 g Stearinsäure zu und erhitzt zum gelinden Sieden, bis sich das Fett klar abgeschieden hat, lässt erkalten, hebt den erstarrten Kuchen mit dem Glasstabe ab und stellt ihn auf Filtrirpapier. Die restirende Flüssigkeit wird in der Schale solange weiter erhitzt, bis sich die in der Schale verbliebenen Fettpartikelchen zu 1—2 Tropfen gesammelt haben. Man entfernt die Schale vom Wasserbade und bringt die Fetttropfen durch Neigen der Schale an die Glaswand. Nun wird die Lauge abgegossen, mit Wasser ausgespült und der Kuchen in die Schale zurückgebracht. Diese wird über einer ganz kleinen Flamme, welche den Boden der Schale nicht berührt, erhitzt, bis beim Umrühren mit dem Glasstab (was man keinen Augenblick unterbrechen darf) kein knatterndes Geräusch mehr auftritt und oben weisse Dämpfe zu entweichen beginnen. Man lässt erkalten, wägt und bringt das Gewicht von Schale, Glasstab und Stearinsäure in Abzug, wobei das Gewicht des Gesammtfettes zurückbleibt.

Neutralfett. Ca. 30 g der Probe werden in 50 ccm Wasser gelöst, mit 20 ccm Ammoniak und 30 ccm Glycerin versetzt und 2 Mal mit je 100 ccm Aether ausgeschüttelt. Man befreit den Aether durch Schütteln mit Wasser von ganz geringen Mengen Seifen, destillirt ihn ab, bringt den Rückstand in ein tarirtes Gläschen, trocknet zuerst im Wasserbade, dann im Luftbade und wägt.

Sulfirte lösliche Fettsäuren (Schwefelsäureäther der Fette.)

Der Werth des Türkischrothöls hängt wesentlich vom Gehalt an Ricinusölschwefelsäure ab. 5—10 g der Probe werden in einem Druckfläschchen in 25 ccm Wasser gelöst, mit 25 ccm rauchender Salzsäure versetzt und im Oelbade eine Stunde auf 130—150° C. erhitzt. Dann verdünnt man mit Wasser, entleert in ein Becheiglas und filtrirt die Fettschicht ab. Dieses gelingt am leichtesten, wenn man vorher eine nicht gewogene Menge Stearinsäure hinzufügt, aufkocht und wieder erkalten lässt. — Im Filtrat wird nun die Schwefelsäure mit Baryumchlorid gefällt, davon die als Sulfat vorhandene Schwefelsäure (s. unten) abgezogen und der Rest durch Multiplikation mit dem Faktor 4,725 auf Fettschwefelsäure umgerechnet.

Fettsäuren. Diese können entweder frei oder an Natron oder Ammoniak gebunden sein. Man findet sie durch Abrechnung des gefundenen Neutralfettes und der Fettschwefelsäuren vom Gesammtfett (s. oben). Die Differenz entspricht den Fettsäuren, welche nach Abzug von 3,15% als Fettsäureanhydride in das Analysenresultat eingestellt werden können.

Schwefelsäure. Zur Bestimmung der in Form von Alkalisulfaten vorhandenen Schwefelsäure wird das in Aether gelöste Oel einige Male mit wenigen ccm gesättigter reiner Kochsalzlösung ausgeschüttelt, die Auszüge vereinigt, verdünnt, filtrirt und mit Baryumchlorid gefällt. — Auch kann man den Gesammtschwefelsäuregehalt des Oeles durch Schmelzen mit Aetzkali und Salpeter bestimmen und den Gehalt an Fettschwefelsäuren oder Sulfaten aus der Differenz berechnen.

Ammoniak und Natrium. 7—10 g Oel werden in etwas Aether gelöst und vier Mal mit je 5 ccm verdünnter Schwefelsäure (1 : 6) ausgeschüttelt. Die vereinigten sauren Auszüge werden für die Natronbestimmung auf dem Wasserbade eingedampft, durch stärkeres Erhitzen (auf dem Sandbade) von überschüssiger Schwefelsäure befreit und der Rückstand endlich durch Glühen in schwefelsaures Natrium übergeführt und gewogen ($142\ Na_2\ SO_4 = 62\ Na_2O$). Zur Bestimmung des Ammoniaks extrahirt man das Oel in gleicher Weise mit verdünnter Schwefelsäure, destillirt mit überschüssigem Aetzkali und fängt das Ammoniak in einer abgemessenen Menge titrirter Schwefelsäure auf, deren Ueberschuss man nach Beendigung der Operation zurücktitrirt (s. a. u. Ammoniaksalze).

Natur des Oeles. Mit einigen Grammen abgeschiedenen

Gesammtfettes (ohne Stearinsäure) wird die Acetylzahl und Jodzahl bestimmt (s. Benedikt). Ist reines Ricinusöl angewendet, so wird erstere bei 140 oder höher, letztere bei 70 oder etwas niedriger gefunden. Ist eine der beiden Zahlen oder beide viel kleiner, so ist das Rothöl aus einer Mischung von Ricinusöl mit anderen Oelen oder auch aus anderen Oelen allein dargestellt und als ein minderwerthigeres Produkt anzusehen (Olivenöl, Cottonöl, Oelsäure etc. s. oben und Benedikt).

Technischer Versuch. Man überzeuge sich auch in der Praxis von der Brauchbarkeit und Wirkungsart der Waare.

Anwendung. In der Türkischrothfärberei und -Druckerei. In der Appretur von Seiden-, Halbseiden- und Baumwollstoffen.

Gerbstoffe.

Zu den Gerbstoffträgern gehört eine ganze Anzahl von Produkten, die hauptsächlich ihres Digallussäuregehalts wegen gebraucht und nach der Höhe desselben geschätzt werden: Galläpfel (30 bis 80 %), Knopperu, Mirobalanen, Dividivi (30 %), Ackerdoppen, Katechu (braun und gelb ca. 30 %), Sumach oder Schmack (10 bis 18 %), Eichenrinde (6—10 %), Fichtenrinde (8—10 %) und das aus diesen dargestellte Tannin (bis 100 %). Tannin ist oft durch Magnesiasulfat verunreinigt. Präparirter Katechu enthält Zusätze von Alaun und Kaliumbichromat, Ammoniak etc.

Jeder der obigen Gerbstoffe hat seine besonderen Eigenschaften und sind die darin enthaltenden Gerbstoffe bzw. Gerbsäuren durchaus nicht identisch miteinander: so ist Galläpfelgerbsäure z. B. eine völlig andere Substanz wie Katechugerbsäure etc.

H. R. Procter theilt sämmtliche Gerbsäuren in 3 Gruppen ein, je nach den qualitativen Reaktionen, die sie geben (Journ. Soc. Chem. Ind. 1894, S. 487). Dabei sind 2 Reagentien ausschlaggebend: eine 1proc. Eisenammoniakalaunlösung (A) und Bromwasser (B).

I. Gruppe. Gerbstoffe, die durch B ausgefällt werden und und durch A grünlichschwarz gefärbt werden = Katechugerbstoffe.

II. Gruppe. Gerbstoffe, die durch B gefällt werden, durch A bläulich bis violettschwarz gefärbt = Mischungen oder Gerbstoffe unbestimmten Charakters.

III. Gruppe. Solche, die durch B nicht gefällt werden, durch

A dagegen blau gefärbt erscheinen = Derivate des Pyrogallols oder der Pyrogallussäure.

Unterscheidungsreaktionen. Gerbstofflösung + Kupfervitriollösung + Ammoniak: es entsteht immer ein Niederschlag, der sich aber bisweilen im Ueberschuss des Fällungsmittels löst; bleibt er ungelöst, so gehört der Gerbstoff der Gruppe der Galläpfelgerbsäuren an, oder er enthält Protokatechusäure.

Verdünnte Gerbstofflösung + ein paar Natriumnitritkrystalle + 3—4 Tropfen ganz verdünnter Schwefelsäure: es entsteht meistens eine rothe Färbung, die entweder langsam in Purpur und Dunkelblau oder in Grün und Oliv übergeht. Manchmal aber entsteht sofort eine gelbe oder braune Färbung oder Fällung; dann hat man es mit einem Ellagsäure liefernden Gerbstoff zu thun (mit Ellagsäure selbst oder Galläpfelsäure wird die Reaktion nicht erhalten).

Die Gerbstoffe der Koniferen, Mimosen und einiger anderer Pflanzen geben mit koncentrirter salzsaurer Zinnchlorürlösung (s. S. 10), 10 ccm auf 1 ccm Gerbstoffabsud, einen hellrothen Niederschlag, der nach etwa 10 Min. auftritt.

Giesst man eine Gerbstoffabkochung auf Fichtenholzspähne und befeuchtet diese vor und nach dem Trocknen mit koncentrirter Salzsäure und es entsteht auf dem Holz eine hellrothe oder violette Farbe, so deutet dieses auf Katechugerbsäure und Phloroglucin hin.

Wenige Tropfen Knoppernabsud, in einer Schale mit Natriumsulfitkrystallen zusammengebracht, geben purpurrothe Färbung.

Qualitative Prüfung des Tannins. Das Tannin muss in Wasser möglichst klar löslich sein, desgleichen in Aetheralkohol (1 : 1). Ungelöst bleiben in letzterem Lösungsmittel: Stärke, Milchzucker, Dextrin, Zucker, Extraktivstoffe, Magnesiasulfat, Glaubersalz. Ausserdem wird Tannin vielfach mit Gummiersatz versetzt. Ein gutes Tannin soll ca. 90 % Gerbsäure und 7—8 % Wasser enthalten. Der Aschengehalt darf nur gering sein (s. a. Fr. Günther, Ber. d. d. Pharm. Ges. 1895, 5, 297).

Quantitative Gerbstoffbestimmung. Der Gerbstoffgehalt, der, wie eingangs gezeigt, ausserordentlich schwankt, bedingt (mit wenigen Ausnahmen, wo auch ein Farbstoffgehalt von Werth sein kann) den Werth des Produktes. Zu seiner Bestimmung sind eine grosse Anzahl Methoden vorgeschlagen (s. a. Fresenius, Quant. An.

II, S. 630), die sich dem Principe nach in folgende 3 Klassen eintheilen: I. aräometrische Spindelmethode, II. Chamäleontitration, III. gewichtsanalytische Hautpulvermethode. Letztere gewinnt immer mehr die Oberhand vor den zwei ersteren und ist auch, exakt genommen, die begründetste, weil sie direkt feststellt, wieviel Gerbstoff, d. h. mit Hautpulver eine lederartige Verbindung eingehender Substanz enthalten ist. Die Permanganatmethode ist weniger zuverlässig, da hier die Natur des Gerbstoffs mitspielt und bei der Umrechnung Anormalitäten bedingt.

I. Die Spindelmethode soll zufriedenstellende Resultate geben. Es sind für dieselbe jedoch für jeden einzelnen Gerbstoffträger specielle Tabellen nöthig, sodass bei abnormen Verunreinigungen, Verfälschungen und unbekannten Gerbstoffen die Methode im Stiche lassen muss, woraus die Unzulässigkeit der Methode für den Allgemeingebrauch folgt. Näheres über die Spindelmethode s. „Praktische Anleitung für Gerber zur Untersuchung der Gerbmaterialien" von Prof. v. Schröder in Tharand (durch den Verfasser zu beziehen, Preis 2 Mark).

II. Die Ausführung der Permanganatmethode besteht aus zwei Operationen: a) Titration der gesammten oxydabeln Stoffe, b) Titration der vom Gerbstoff befreiten Lösung. Die Differenz von a—b ergiebt den Gerbstoffgehalt.

a) Circa 0,1 g Trockensubstanz enthaltender Lösung wird mit $^1/_{25}$ norm. Chamäleonlösung und Indigoschwefelsäure als Indikator (25 ccm einer 0,1 proc. Lösung von Indigotin in Schwefelsäure) titrirt, bis die Flüssigkeit gelbe Färbung angenommen hat. Von dem Permanganatverbrauch wird die Sättigungsmenge für die 25 ccm Indigolösung (die separat bestimmt wird) abgezogen.

b) Ein zweiter Theil der Gerbstofflösung wird mit Gelatine oder Hautpulver ausgefällt und ein aliquoter Theil des Filtrates (s. a. u. III) mit Chamäleon- und Indigolösung wie bei a) titrirt. Die Differenz von a und b = Gerbstoff. Die durch Titration mit Chamäleon gefundenen Werthe (Anzahl ccm Chamäleon) werden gewöhnlich nicht auf Gerbsäure, sondern die äquivalente Menge Oxalsäure berechnet. Nach Neubauer und Oser entspricht aber 0,063 g Oxalsäure = 0,04159 g Gallengerbsäure (Tannin) oder 0,06235 g Eichengerbsäure. Demnach:

$$\text{Oxalsäure} \times 0{,}666 = \text{Tannin}$$
$$\text{Oxalsäure} \times 0{,}99 \ = \text{Eichengerbsäure.}$$

Man sieht aus der Berechnung, dass die Aequivalente der verschiedenen Gerbsäuren in der That so sehr verschieden sind, dass dadurch gewaltige Differenzen entstehen können, wenn die Zusammensetzung der zu untersuchenden Stoffe nicht aus einer Gerbsäure, sondern aus einem Gemenge von verschiedenen Gerbsäuren besteht. Es ist deshalb unstreitig

III. Die gewichtsanalytische Bestimmung mit Hautpulver (Simand-Weiss) als die einzig absolute Methode zu bezeichnen. Sie setzt sich aus folgenden 2 Einzelbestimmungen zusammen:

a) Extraktgehalt (d. h. Gehalt der in Wasser löslichen, wasserfreien Bestandtheile). b) Extrakt weniger Gerbstoff (bzw. „Nichtgerbstoff").

a) Circa 10 g (bzw. eine 10 g Trockensubstanz entsprechende Menge) Gerbmaterial werden zu 1000 ccm gelöst und 100 ccm des Filtrates (nicht durch Papier filtriren, da es Gerbstoff absorbirt, sondern Glaswolle, Asbest etc.) eingedampft und bei 100° C. bis zur Konstanz getrocknet = Gesammtextrakt.

b) Ein weiterer Theil des Filtrats (soll ca. 0,6—1,0 g fester Substanz enthalten) wird mit 10 g reinsten Hautpulvers, das allmählich zugegeben wird, bis in der Lösung keine Gerbsäure mehr nachweisbar ist. Es wird fleissig gerührt, und sobald alle Gerbsäure absorbirt ist, werden 50 ccm filtrirt (jetzt kann Papier genommen werden), eingedampft und bei 100° getrocknet = Nichtgerbstoff.

a—b = Gerbstoff, der auf 100 Gew.-Th. berechnet wird. Die Methode ist sehr exakt, leicht und rasch ausführbar und wissenschaftlich unanfechtbar. Von Wichtigkeit natürlich ist die Reinheit des Hautpulvers, das vor Allem keine wasserlöslichen Substanzen enthalten darf, welche andernfalls in Berechnung zu bringen sind.

Oben erwähnter Procter führt die Analyse folgendermaassen durch. In 100 ccm einer Gerbstofflösung (Maximalgehalt an fester Substanz 0,6 g) in einem Glase werden 3 Mal — nach je 10 Min. Rührens — 2 g gut gewaschenes und getrocknetes Hautpulver gegeben und mit einem Rührapparat von 320—420 Umdrehungen pro Minute durcheinandergebracht; nach 30 Min. ist sämmtlicher Gerbstoff absorbirt; es wird nun filtrirt und 50 ccm des Filtrats zur Trockne gedampft. Zieht man das so erhaltene Gewicht vom Gesammtextrakt ab, der im gleichen Volumen des Absuds ent-

halten ist, so giebt die Differenz das Gewicht des vom Hautpulver absorbirten Gerbstoffs an. — Da Procter nicht ganz trockenes Hautpulver anwendet, so konstatirt er ferner die Differenz
zwischen dem anfänglich trockenen und dem gewaschenen und aus-
gepressten Hautpulver durch vor- und nachträgliches Wägen und
rechnet für jedes Gramm Mehrgewicht je 1 ccm Wasser, das er bei
der Berechnung als Korrektion zu den 100 ccm Gerbstofflösung
addirt. Die Anwendung eines umständlich zu handhabenden Haut-
filters (s. „Der Gerber", 1887, S. 137) ist ohne wesentliche Vor-
theile und verlangsamt das Arbeiten.

Ist eine Gesammtanalyse nöthig, so können noch Wasser, Unlösliches, Asche etc. bestimmt werden.

IV. Technischer Versuch. Es sind die Gerbstoffanalysen
event. durch vergleichende Ausfärbungen bzw. Erschwerungen zu
ergänzen. Die Art der Ausführung dieses Versuches hängt von
dem Gerbstoff und seiner Verwendung ab; es muss sich nur der
technische Versuch, wie immer, möglichst an die Praxis anlehnen.
So kann man z. B. 2 g Muster (Schmack, Mirobalanen) 15 Min. lang
mit $\frac{1}{2}$ l Wasser kochen und die ganze Abkochung nebst Unlös-
lichem zu 500 ccm auffüllen. In jedes Becherglas werden alsdann
10 g Kochsalz und bei 90—95° 10 g Baumwollgarn eingehängt. Es
wird umgezogen, erkalten lassen, nach 3 Stunden das Garn herausgenommen, ausgerungen und jede Probe mit 200 ccm basischen
Ferrisulfats von $1\frac{1}{2}$° B. (1,01 spec. Gew.) in einem Becherglase
zusammengebracht. Nach 15—20 Min. langem Umziehen wird
das Garn herausgenommen, gespült und auf die Tiefe der Färbung
verglichen. (Es kann auch Antimonsalz genommen werden.) Ebenso kann auch auf Preis ausgefärbt werden (s. a. Leipziger Färber-
zeitg. 1896, No. 23, S. 261).

Anilinöl und Anilinsalze.

Der Werth der Anilinpräparate hängt von dem Gehalt an
Anilin und seiner Neutralität ab. Sie müssen möglichst trocken,
frei von Säure und Base im Ueberschuss, sowie von organischen
Nebenverbindungen sein.

Anilinöl.

Anilin. a) Probedestillation: Es werden 100 ccm der Probe
destillirt, wovon mindestens 96% = 96 ccm innerhalb 180—184° C.

übergehen sollen. Die Destillation muss in ruhiger Luft über freier Flamme vorgenommen werden. Der Kolbeninhalt muss intensiv im Wallen sein, aber vor Ueberhitzung bewahrt bleiben. — Ist das Anilin nach Type gekauft, so wird diese zweckmässig in gleicher Weise daneben destillirt, um so von Luftschwankungen unabhängige Werthe zu erhalten.

b) Titration mit Bromlösung wie bei Anilinsalzen (s. d.).

Anilinsalze (salzsaures, weinsaures etc. Anilin).

Anilin. a) Titration mit Bromlösung (Ad. Welter-Vaubel). Die Methode beruht darauf, dass Anilin in stark saurer Lösung mit einer Lösung von Brom in Aetzkali (Bromkalium + bromsaures Kalium) quantitativ in Tribromanilin übergeführt wird und ein beginnender Ueberschuss der Bromlösung durch Jodkaliumstärkepapier erkannt wird.

Zur Darstellung der Bromirungslauge werden 100 g käufliches Brom (94—96%) allmählich in 95 g Aetzkali von 73% KOH (in ca. 300—400 ccm Wasser gelöst) eingetragen, eine Stunde lang gelinde gekocht und auf 2 Liter aufgefüllt. Der Titer dieser Bromirungslauge wird bestimmt, indem chemisch reines Anilinchlorhydrat (über Schwefelsäure bis zur Konstanz getrocknet) dagegen titrirt wird. 1 g chemisch reines Anilinsalz wird zu 1000 ccm gelöst und 100 ccm (= 0,1 g Subst.) mit obiger Lösung unter Zusatz von 25—50 ccm koncentrirter Bromwasserstoffsäure titrirt, bis die Lösung eben gelb gefärbt erscheint. Statt reiner Bromwasserstoffsäure kann man zweckmässig Salzsäure mit 10% Bromwasserstoffsäurezusatz anwenden, wobei dieselbe Gelbfärbung auftritt. Oder man nimmt pure Salzsäure, muss dann aber mit Jodkaliumstärkepapier operiren. Entsprechen so z. B. 96 ccm Bromlösung gleich 0,1 g Anilinsalz chem. rein, so findet man in der darauf folgenden Titration des Musters den Anilinsalzgehalt durch einfache Umrechnung.

Beispiel: 10 g Muster : 1000 ccm, davon 100 ccm : 1000 ccm; 100 ccm verbrauchen 90 ccm Bromlösung. $96 : 0,1 = 90 : x$; $x = 0,09375$, oder 93,75% Anilinchlorhydrat.

Die Methode ist ausserordentlich genau und giebt bis auf 0,1% sicher stimmende Werthe.

b) Das Anilin kann roh auch folgendermassen bestimmt werden (Nölting, „Anilinschwarz"): In einem graduirten mit Glasstopfen versehenen 200 ccm-Cylinder werden 20 g Anilinsalz (in 40 ccm heissen Wassers gelöst) mit 7 g Aetznatron (in 20 ccm Wasser gelöst) und 30 g Kochsalz versetzt und gut geschüttelt; nachdem der Inhalt abgekühlt ist, wird mit Wasser auf 200 ccm aufgefüllt und die Menge des abgeschiedenen Oeles abgelesen. Durch Multiplikation mit 5,13 wird der Gehalt an Anilin in Gewichtsprocenten erhalten.

c) Man zersetzt 200—300 g Anilinsalz mit Natronlauge, scheidet das Oel ab, trocknet es mit Chlorcalcium und destillirt wie unter Anilinöl (s. o.) angegeben.

Säurebestimmung. a) Die Säure kann nach gewöhnlichen analytischen Methoden bestimmt werden. Im salzsauren Anilin, z. B. durch Ausfällen der Salzsäure mit Silbernitrat in salpetersaurer Lösung; im weinsauren Anilin als Weinstein, nach Abscheidung des Anilinöls (s. u. Weinstein). Der Ueberschuss oder das Manko an Säure erfolgt durch Berechnung aus dem Oelgehalt.

b) Knecht und Rawson verfahren wie folgt: 3 Kolben von je 200 ccm Inhalt werden mit 100 ccm Wasser und 1 ccm einer 0,1 proc. Krystallviolettlösung versetzt, in 2 dieser Kolben (No. 1 und 2) werden je 50 g der Anilinsalzprobe gebracht, der dritte dient wie No. 2 zum Vergleich. Kolben 1 wird mit $^1/_{10}$ norm. Natronlauge titrirt, bis die blau gewordene Lösung wieder violett, wie die in No. 3 geworden ist.

c) Man kann ferner die Anilinsalzlösung auch direkt mit Normalnatronlauge und Lakmustinktur bis zur eintretenden Blaufärbung titriren. Phenolphtaleïn ist nicht so geeignet.

Freie Salzsäure. Ueberschüssige freie Salzsäure im Anilinsalz erkennt man durch die Reaktion auf Filtrirpapier, welches mit einer Lösung von 1 g Fuchsin oder Methylviolett in 1 Liter Wasser getränkt ist: Fuchsinpapier wird durch überschüssige Säure entfärbt, während Methylviolett dadurch grün gefärbt erscheint.

Freies Oel. Freies Anilinöl wird durch säurefreies Kupfersulfat nachgewiesen, womit es eine grünlichbraune Färbung annimmt, während Anilinsalz farblos bleibt. Ferner kann ev. vorhandenes Anilinöl mit Congoroth nachgewiesen und titrirt werden. Die Methode beruht auf der Eigenschaft des Congoroths, das durch eine Spur Säure blau gemacht ist, durch freies Oel wieder roth zu werden. Bei der Bestimmung wird demnach mit $^1/_{10}$ norm. Säure bis zur beginnenden Blaufärbung titrirt.

Wasser. Das Wasser wird durch Trocknen von einigen Grammen des Musters über Schwefelsäure bis zur Konstanz bestimmt.

Bestimmung von Toluidin in Anilin und umgekehrt: Ztschr. anal. Chem. 1895, 34, 734.

Anwendung. In ausgedehntem Maasse zur Darstellung des Anilinschwarz (Direktschwarz, Oxydationsschwarz, Dampfschwarz etc.) in der Färberei und Druckerei. „Blauanilin" ist reines Anilin; „Rothanilin" etc. sind Gemische von Anilin und Toluidinen.

Verdickungs- und Steifungsmittel.

Stärke.

Die Stärke wird vorzugsweise aus Kartoffeln und Weizen gewonnen, weniger verbreitet ist die Fabrikation der Mais-, Reis-, Gerstenstärke etc.

Eine quantitative direkte Bestimmung des Stärkegehaltes wird in der Textilindustrie zwecks technischer Prüfung kaum je ausgeführt, weil sie keine greifbaren Anhaltspunkte hinsichtlich der Brauchbarkeit und Abstammung der Waare liefert. Ich übergehe deshalb diese Bestimmung, indem ich zwecks näherer Orientirung darüber auf Fresenius (Quant. An. II. 586 und 612) und andere analytische Handbücher verweise. Das Princip der Stärkebestimmung ist dieses: Die Stärke wird erst verkleistert, dann mit Malzaufguss („Diastase") in Lösung gebracht, mit Salzsäure in Traubenzucker umgewandelt („invertirt") und dieser durch Reduktion von Fehling'scher Lösung gewichtsanalytisch (Allihn) oder titrimetrisch (Soxhlet) bestimmt.

Mikroskopische Prüfung. Wesentlich ist in erster Linie eine mikroskopische Prüfung, ja sogar unerlässlich, wenn man sich ein umfassendes Urtheil zu bilden wünscht. — Dank der charakteristischen Gebilde und der verschiedenen Dimensionsverhältnisse der Körner einzelner Stärkesorten gelingt es unschwer, vermittelst des Mikroskopes die verschiedenen Stärkesorten nicht nur qualitativ zu unterscheiden und zu bestimmen, sondern sich auch ein sicheres Urtheil über die Reinheit und Gleichmässigkeit der Produktes zu bilden, insofern als auch mineralische und organische Verunreinigungen bzw. Beimengungen, wie Sand, Pilzsporen, Abfallprodukte u. s. w. auf diese Art in unzweideutiger Weise nachgewiesen werden können. Ich verweise auf die am Schluss dieser Arbeit angebrachte Tafel II mit den mikroskopischen Bildern der wichtigsten Stärkekörner und zum weiteren Studium auf eine Anzahl Specialwerke wie: Nägeli, Die Stärkekörner; J. König, Chemie der menschlichen Nahrungs- und Genussmittel; J. Möller, Mikroskopie der Nahrungs- und Genussmittel aus dem Pflanzenreiche, welch letzterer Arbeit die Abbildungen auf Tafel II entnommen sind.

Wasser. Von grösster Wichtigkeit ist ferner der Wassergehalt, der beim Lagern der Stärke bedeutend zunimmt und bis zu 35 % steigen kann. Zulässig hingegen ist nur ein Wassergehalt von 20 % bei Kartoffel- und 16 % bei Weizenstärke, während der normale Wassergehalt für Kartoffelstärke 16—18 %, für Weizenstärke 14—16 % beträgt.

a) Es werden zur Bestimmung des Wassers 10 g Stärke erst eine Stunde bei 40—50° C. und dann 4—5 Stunden bei 120° C. getrocknet, im Exsikkator erkalten lassen und gewogen. Der Gewichtsverlust entspricht dem Wassergehalt.

b) In Betrieben, wo fragliche Bestimmung häufig ausgeführt wird und oft mehrere Kontrollbestimmungen nach einander folgen, empfiehlt sich auch die Alkoholmethode von Scheibler (Dingl. Polyt. Journ. 192, 504), obwohl sie keinen Anspruch auf absolute Genauigkeit machen kann. Die Methode ist gegründet auf der empirisch gefundenen Thatsache, dass 1 Th. Stärkemehl von 11,4 % Feuchtigkeit und 2 Th. Alkohol von 90 Vol. % (= 0,8339 spec. Gew.) zusammengebracht, sich gegenseitig kein Wasser zu entziehen vermögen, also gewissermaassen gleichgradig hygroskopisch sind; bei feuchterer Stärke wird diese entwässert und der Alkohol verdünnt; bei trocknerer Stärke wird sie feuchter und der Alkohol concentrirter. Es werden nach Scheibler 41,7 g Stärke in ein luftdicht schliessendes Glas gewogen, mit 100 ccm Alkohol von 90° Tr. (Vol. %) übergossen, innerhalb einer Stunde öfters umgeschüttelt, durch ein trocknes Filter filtrirt und das spec. Gewicht des Filtrates bestimmt. Der Wassergehalt der Stärke resultirt dann direkt aus folgender Tabelle.

Wasser-gehalt der Starke %	Grade Tralles	Wasser-gehalt der Stärke %	Grade Tralles	Wasser-gehalt der Stärke %	Grade Tralles
0	93,3	14	89,1	28	84,6
1	93,1	15	88,7	29	84,3
2	92,9	16	88,3	30	84,0
3	92,6	17	88,0	31	83,7
4	92,3	18	87,7	32	83,4
5	92,0	19	87,4	33	83,1
6	91,7	20	87,1	34	82,8
7	91,4	21	86,7	35	82,5
8	91,2	22	86,4	36	82,2
9	90,9	23	86,1	37	81,9
10	90,5	24	85,8	38	81,6
11	90,1	25	85,5	39	81,3
12	89,8	26	85,2	40	80,9
13	89,5	27	84,9	50	78,1

Asche. Wichtigen Aufschluss über die Reinheit des Produktes kann bisweilen auch die Aschenbestimmung geben. Der Aschengehalt naturreiner Stärken beträgt 0,5—1,0 %. Ist die Stärke mit Sand, Gyps, Kreide, Schwerspath, Thon etc. versetzt, so werden diese in der Asche wiedergefunden. — Die Stärke kann auch durch Malzaufguss in Lösung gebracht werden, wobei genannte mineralische Verunreinigungen ungelöst zurückbleiben und weiter untersucht werden können. — Nach Cailletot schüttelt man 4—5 g feingepulverte Stärke mit Chloroform. Die specifisch leichtere Stärke (1,4 spec. Gew.) schwimmt oben auf, während die meisten Verfälschungen — weil specifisch schwerer als Chlorform (1,526) — zu Boden sinken.

Organische Verunreinigungen können (nach Curdes) herrühren von Kohlenstaub, Staub, Kartoffelschalenresten, Pilzsporen, abgestorbenen Algen, Holztheilchen u. s. w. Diese alle bleiben bei der Lösung der Stärke im Malzaufguss ungelöst zurück. Als organisches Verfälschungsmittel kommt wohl nur minderwerthigere Stärke in Betracht, die am besten miskroskopisch entdeckt wird.

Der Klebergehalt interessirt unter Umständen auch. Er wird nach Böttger (Polyt. Notizbl. 1869, No. 15) folgendermaassen erkannt. 1 g Stärke wird mit 180 ccm Wasser zum Sieden erhitzt und mit einem Glasstabe kräftig umgerührt. Enthält die Stärke Kleber, so bildet sich ein Schaum, der bestehen bleibt, sobald das Sieden aufhört; fehlt Kleber, so vergeht der Schaum, sobald das Sieden nachlässt. — Der Klebergehalt kann übrigens durch eine Stickstoffbestimmung ermittelt werden. Reine Stärke ist stickstofffrei, Kleber stickstoffhaltig.

Technische Versuche.

Ausser obigen allgemeinen Vorprüfungen werden meist noch entsprechende technische Versuche, je nach der Verwendung der Stärke, angestellt. Es kommen hierbei zuerst in Betracht die Verdickungs- bzw. Steifungsfähigkeit der Stärke, ihr Sauerwerden und allgemeiner Effekt auf Farbe und Faser.

Verdickungs- und Steifungsversuch. Es wird ein Kleister und eine dünnere Lösung der zu untersuchenden Stärke und einer oder einiger Vergleichsprodukte (Typen) bereitet und vergleichende Verdickungs- bzw. Steifungsversuche vermittelst Appretirens und Klotzens angestellt.

J. Wiesner (R. Wagner's Jahresberichte der chem. Techn. 1868, S. 460) führt die Bestimmung wie folgt aus. Für je eine zu prüfende Stärkesorte werden 20—30 Baumwollfäden mittleren Titers von ca. $\frac{1}{2}$ m Länge (bei feinerem Garn genügen etwas kürzere, bei groberem müssen etwas längere Fäden genommen werden) zusammen genau gewogen und jeder einzelne Faden durch den betreffenden Stärkekleister durchgezogen, gleichmässig abgestreift (etwa mit zwei Fingern) und bei Zimmertemperatur in herabhängender genau vertikaler Richtung getrocknet. Die zweite Serie Fäden von 20—30 Stück wird unter genau denselben Bedingungen mit der Vergleichsstärke behandelt; ebenso mit etwaiger dritter, vierter u. s. w. Stärkesorte. Die Fäden, die vor Allem weder vor noch nach dem Trocknen geknickt oder gebogen werden dürfen, werden alsdann einzeln in einen Klemmapparat gebracht, derart, dass erst nur ein kleiner Theil des Fadens vertikal aus dem Klemmapparat nach oben zu hervorragt und dann an der Spitze nach aufwärts schrittweise emporgezogen und jedes Mal festgeklemmt wird, bis der Faden endlich durch seine Schwere soweit nach einer Seite umfällt, dass die obere Spitze des Fadens in einer Ebene mit dem Klemmpunkt des Klemmapparates zu liegen kommt. Die etwa geknickten oder gebrochenen Fäden werden ausrangirt. Nun wird die Länge jedes einzelnen Fadens von der oberen Spitze bis zum Klemmpunkt genau gemessen, und die Durchschnittslänge aus der Summe der Fäden genommen. Zuletzt werden die Fäden wieder genau gewogen und daraus die auf denselben haftende Stärkemenge ermittelt. Das Steifungsvermögen verhält sich umgekehrt zu der Stärkemenge und direkt proportional zu der Fadenlänge.

Beispiel.

Stärke	Durchschnittslänge	Durchschnittsgewicht der Stärke auf dem Faden
a	z	y
b	z_1	y_1
c	z_2	y_2
d	z_3	y_3 u. s. w.

Die Steifungsvermögen verhalten sich dann zu einander:

$$a : b = \frac{z\, y_1}{z_1\, y}\,; \quad a : c = \frac{z\, y_2}{z_2\, y} \quad \text{u. s. w.}$$

und die Steifungsvermögen sind — wenn a als Einheit angenommen wird — für $b = \dfrac{z_1\, y}{z\, y_1}$; für $c = \dfrac{z_2\, y}{z\, y_2}$; für $d = \dfrac{z_3\, y}{z\, y_3}$ u. s. w.

Die Methode verlangt, wenn verlässliche Resultate erreicht werden sollen, ein sehr peinliches Arbeiten und eine sorgfältige Auswahl möglichst gleichmässiger Fäden.

Säuerungsversuch. 50 g Stärke werden mit 1 l Wasser verkocht, auf 1 kg aufgefüllt und mehrere Tage stehen gelassen. Die Stärke, die am längsten frisch bleibt, ist — ceteris paribus — die beste; diejenige, in welcher zuerst Säuerungs- und Gährungsprocesse, sowie anderweitige bakterielle Zersetzungen bemerkbar werden, die minderwerthigere.

Appreturversuch. Es werden mit empfindlichen Farbstoffen (Benzopurpurin, Türkischroth, Blauholzschwarz u. a.) gefärbte oder auch rein weisse Stoffe (bei Weizenstärke) mit der fraglichen Stärke auf einer Klotzmaschine behandelt, getrocknet und geprüft. Dabei ist die Hauptaufmerksamkeit auf den Gesammthabitus, den Griff, die erzielte Steifung, die Farbenbeeinflussung u. s. w. zu verwenden und ev. Vergleichsversuche zu bemustern.

Anwendung im Zeugdruck, besonders Kattundruck, sowie in der Appretur in gleich ausgedehntem Maassstabe.

Präparirte und lösliche Stärke.

Es kommen eine ganze Anzahl Stärkepräparate unter den verschiedensten Namen in den Handel, die z. Th. als Gummi- und Leimersatz, z. Th. als Stärkeersatz Anwendung finden und deren grösster Theil durch mechanische oder chemische Behandlung der gewöhnlichen Stärke in eine lösliche Form übergeführt und auch als „lösliche Stärke", „Pflanzenleim" u. s. w. bekannt ist.

Die z. Th. grundverschiedenen Produkte werden hauptsächlich durch Behandlung der Stärke mit überhitztem Dampf unter Druck, mit Säuren (Schwefelsäure, Salzsäure), mit Aetznatronlauge, mit Chlor u. s. w. hergestellt und erhellt daraus, dass das resultirende Produkt die verschiedensten Beimengungen und Verunreinigungen enthalten kann, welche unter Umständen sehr nachtheilig auf die Waare wirken können. Es darf deshalb die Anwendung eines solchen Präparates durchaus nicht immer anstandslos geschehen. Der Konsument muss sich vielmehr von der Unschädlichkeit des Artikels durch eine Analyse (Säure, Aetznatron, Chlor) oder durch eine Anzahl genau durchgeführter technischer Proben überzeugen.

Von einer wahren Fluth derartiger Handelsartikel seien nur einige kurz erwähnt.

Lösliche Stärke, durch halb- bis einstündiges Erhitzen von Stärke mit Wasser unter Druck im Autoklaven von 2—3 Atmosphären hergestellt. Sie repräsentirt eine mehr oder weniger klare gummiartige Masse, die indess ihre Verdickungsfähigkeit zu einem grossen Theil eingebüsst hat.

Apparatin ist eine klare, wasserlösliche, gummiartige Masse, die durch Zusammenkochen von Stärke mit Natronlauge und nachheriges Abstumpfen des Natronüberschusses mit Schwefelsäure erhalten wird. 50 k Kartoffelstärke + 200 l Wasser + 12 k Natronlauge von 36° B. (mit 60 l Wasser verdünnt) werden zusammen verkocht. Das Produkt wird vorzugsweise für baumwollene und halbwollene Gewebe empfohlen.

Chloïn enthält meist freies Chlor. Es wird durch Einwirkung von Chlorkalk auf Stärke gewonnen. 150 Th. Stärke, 100 Th. klare Chlorkalklösung von 5° B und 1750 Th. Wasser bei 60 bis 70° C. behandelt oder 10 Min. zum Kochen erhitzt. Das Handelspräparat ist zu verwerfen, soll sich aber für Filz, halbwollene und wollene Gewebe noch am besten eignen.

Stärkepulver kommt auch in löslicher Form in den Handel. Es ist dieses meist ein mit Schwefelsäure unter Druck bei Siedehitze hergestelltes Präparat, das sowohl in Paste als auch in Pulverform auf den Markt kommt.

Dextrin.

Dextrin ist ein durch Rösten der unlöslichen Stärke erhaltenes wasserlösliches Präparat, welches als „Dextrin" oder, was fast dasselbe ist, als „gebrannte Stärke", „britischer Gummi", „künstlicher Gummi" etc. in den Handel kommt.

Gutes Dextrin darf nicht hygroskopisch sein, sondern soll trocken, geruchlos, schwach fade schmeckend (nicht süss: Maltose), leicht zerreiblich, in einem gleichen Volumen Wasser löslich, in Alkohol unlöslich und von 1,5 spec. Gewicht sein. Es muss mit Wasser eine möglichst farblose, klare, neutral reagirende Lösung geben, welche mit Jodlösung sich nicht blau färbt (Stärke), durch Kalkwasser nicht getrübt wird (Oxalsäure), durch Gerbsäure und Barytwasser nicht gefällt wird (lösliches Stärkemehl), mit Bleiessig keinen Niederschlag geben darf (Gummi arabicum, Pflanzenschleim), und Fehling'sche Lösung kaum reducirt (Maltose). Quantitativ können bestimmt werden: Maltose durch Reduktion mit Fehling'scher Lösung; der Stärkegehalt als organisches Unlösliche in Wasser; Sand und mineralische Bestandtheile als Asche (die Asche von reinem Dextrin darf 0,5 $\%$ nicht wesentlich übersteigen); überschüssiges Wasser in einer mit 20—30 g Substanz ausgeführten Trockenbestimmung bei 110—115° C. (der Wassergehalt darf höchstens 8 $\%$ betragen); und die Acidität durch Titration mit $^1/_{10}$ Normal-Natronlauge. Es muss ferner eine mikroskopische Prüfung vorgenommen werden, die indessen bei stark gefärbten Produkten oft keine Aufschlüsse zu geben im Stande ist; ferner kann ein Säuerungsversuch — wie bei Stärke — und entsprechende technische Versuche, die die Brauchbarkeit des Produktes für die entsprechende Bestimmung dokumentiren sollen, ausgeführt werden. S. a. Hanofsky, Mittheil. d. k. k. technologischen Gewerbemuseums in Wien, 1889, 56. — Böckmann, Chem.-tech. Unt. I. 557. — Kellner, Zündwaarenfabrikation, S. 51.

Anwendung im Zeugdruck und in der Appretur.

Gummi arabicum.

Das Gummi arabicum oder arabische Gummi soll unregel-
mässige, glänzende und spröde Stücke von weisser, weingelber bis
brauner Farbe darstellen, die innen meist von Rissen durchzogen
sind. Es muss leicht zu pulvern und darf durchaus nicht hygroskopisch sein; es muss ferner einen muscheligen, glänzenden Bruch
zeigen und mit Wasser eine fast klare, dickschleimige, schwer-
flüssige, etwas fadenziehende, aber keine zähe oder gallertartige,
schwach opalisirende Lösung geben. Diese darf nur schwach
sauer reagiren und muss stark klebend sein. Der Geschmack
muss fade und schleimig sein.

Das Gummi arabicum ist häufig durch unlösliches Kirschharz,
Dextrin etc. verfälscht und mit schwefliger Säure gebleicht. In
letzterem Falle ist Schwefelsäure nachweisbar. Ferner wird es oft
mit minderwerthigerem Senegalgummi verfälscht, oder solches sogar direkt für arabisches Gummi verkauft. (Nach Böckmann-
Kellner, l. c.)

Es muss für Druckereizwecke ferner völlig sandfrei sein und
in Lösung nicht zu schnell sauer werden. Ein Säuerungsversuch
wird ähnlich wie bei Stärke ausgeführt. 100 g Gummi, in 1 l
Wasser gelöst, soll eine ca. 5° B. starke Lösung ergeben. Asche
darf nur in Bruchtheilen eines Procentes enthalten sein.

Anwendung: Im Zeugdruck, besonders in der Mühlhäuser
Kattunindustrie in grossem Maassstabe; ferner in der Appretur;
in der Seidendruckerei.

Senegalgummi.

Der Senegalgummi bildet im Gegensatz zum arabischen Gummi
grössere, durchsichtigere, runde Stücke, zeigt seltener Risse, die
ihn dann aber bis in das Innere zerklüften und hat im Innern oft
thränenartige, grosse Lufthöhlen. Er ist aussen rauher und von
geringerem Glanz, weiss bis röthlich-gelb gefärbt und auf dem
Bruche grossmuschelig und stark glänzend. (Nach Böckmann-
Kellner, l. c.)

Nach Liebermann (Chemiker-Zeitung 1890, 665) bildet der
Senegalgummi Stücke von mattem Aussehen (etwa wie geätztes
Glas), die jedoch im Innern glänzend und durchsichtig sind. Die
Stücke sind meist länglich, gerade oder gewunden, cylindrisch,

wurmförmig geringelt, also gewissermaassen maulbeerförmig. Man kann demnach den Senegalgummi schon aus dem Aeusseren von dem arabischen unterscheiden.

Ferner unterscheidet er sich vom arabischen Gummi noch dadurch, dass er durch salpetersaures Quecksilberoxydul nur schwach getrübt wird, und durch Borax sehr stark verdickt wird; er ist ferner in Wasser schwerer löslich, mehr schleimig und gallertartig — also von geringerer Bindekraft — und gerinnt leichter mit einer Reihe chemischer Präparate. Aus diesen letzten Eigenschaften geht die Minderwerthigkeit des Senegalgummi gegenüber dem arabischen Gummi hervor.

Anwendung als Verdickungsmittel dem arabischen Gummi ähnlich.

Traganthgummi.

Der Gummi-Traganth kommt in vielen Sorten in den Handel. Er soll geruch- und geschmacklos, durchscheinend, hornartig und zähe sein, sodass er nur schwer pulverisirbar ist. Nur ein geringer Theil löst sich in Wasser, das meiste quillt in demselben zu einem nicht klebrigen, aber leimend wirkenden Schleim auf (Böckmann l. c.).

Er darf nicht zu rasch sauer werden und keine fremden Bestandtheile enthalten (Asche).

Im Uebrigen muss ein technischer Versuch über den Werth des Traganthes entscheiden und vor Allem sein Steifungsvermögen nachgewiesen werden. S. a. Steifungsvermögen u. Stärke.

Anwendung. In Verbindung mit Kartoffel- und besonders Weizenstärke (mit der er sich besser verträgt), Leim, Dextrin etc. wird er viel für die Appretur halbseidener, seidener (Frankreich), aber auch anderer Gewebe gebraucht. Ferner wird er auch von Druckern angewendet, die den Traganth zwecks vollkommener Vertheilung oft erst 6—10 Stunden lang kochen.

Ein billiges Ersatzmittel für Traganth wird von Boschan angegeben: 20 Th. Stärke, 6 Th. Leim und 2 Th. Glycerin werden in Wasser zusammen heftig verkocht.

Leim.

Man unterscheidet Hautleim, Knochenleim, Fischleim. Gelatine ist gereinigter und gebleichter Knochenleim und wird ebenso untersucht wie die Rohleime, nur ist hier auf die Färbung und die durch das Bleichen etwa hineingerathenen Produkte (Schwefelsäure durch Schweflige Säure etc.) Acht zu geben. — Der Hautleim ist von grösserer Bindekraft wie der Knochenleim.

Der Leim muss vor Allem frei von Säure (Salzsäure etc.) und von der Klärung herrührendem Alaun sein. Ein guter Leim ist ferner nicht zu dunkel gefärbt, lässt sich schwer und sehnig brechen, zeigt gewisse Elasticität und ist nicht hygroskospisch. Der Bruch muss glasartig glänzen: ein splitteriger Bruch deutet auf unvollkommen geschmolzene sehnige Theile. — In kaltem Wasser darf guter Leim die Form nicht ändern, nur gross aufquellen und selbst nach 48 Stunden nicht zerfliessen (reiner Hautleim zerfliesst indessen etwas). Bei 48° beginnt der aufgequollene Leim flüssig zu werden und ist bei 50° flüssig. Die Klebkraft des Leimes ist um so grösser, je weniger seine Lösung erhitzt wurde und je besser das dazu verwendete Material war.

Der Leim darf nicht salzig und sauer schmecken. Wird eine genau gewogene Menge Leim 24 Stunden in kaltes Wasser gelegt und dann wieder getrocknet, so ist der Leim um so besser, je eher er sich dem Anfangsgewicht nähert und umgekehrt. (Nach Böckmann-Kellner, l. c.)

Es können ferner noch folgende Bestimmungen ausgeführt werden:

Wasserbestimmung. 2—3 g in fein geraspeltem Zustande bei 110—115° C. bis zur Konstanz getrocknet.

Aschengehalt. Die Asche giebt Aufschluss darüber, ob Knochenleim oder Hautleim vorliegt. Knochenleimasche schmilzt unter dem Bunsenbrenner; die wässerige Lösung ist neutral, enthält Phosphorsäure und Chlor; Haut- oder Lederleimasche ist unschmelzbar unter dem Bunsenbrenner, enthält viel Aetzkalk, ist stark alkalisch und meist frei von Phosphorsäure und Chlor.

Säuregehalt. 30 g Leim werden mit 80 ccm Wasser übergossen und einige Stunden stehen gelassen, alsdann werden die flüchtigen Säuren mit Wasserdämpfen destillirt, in einer Vorlage gesammelt und sobald 200 ccm übergegangen, diese titrirt.

Ferner kann auf Trockenfähigkeit, fremde Stoffe, Geruch etc. geprüft werden, und verweise ich zur näheren Orientirung darüber auf Böckmann, Zündwaaren, S. 533 ff., C. Stelling, Beitrag zur Beurtheilung des Leimes, Chem.-Ztg. 1897, 47, 461.

Technischer Versuch. Ausser den oben genannten Prü-

fungen werden einige geeignete Appreturversuche ähnlich wie bei
Stärke am besten auf halbseidenem und wollenem Gewebe ausgeführt. Man wählt hierzu am liebsten einen empfindlichen Ben-
zidinfarbstoff (Benzopurpurin) oder Anilinschwarz, Holzschwarz etc.

Anwendung sehr ausgedehnt in der Appretur, weniger im
Zeugdruck und in der Färberei (Seidenavivage).

Farbstoffe.

Es liegt ausserhalb des Rahmens dieser Arbeit, das grosse
Gebiet der Theerfarbstoffe zu besprechen. Ihr Feld ist umfassend
genug, um ein Separatwerk für sich zu bilden. Es existiren auch
in der That zahlreiche ausgezeichnete Werke, die den weitgehendsten Ansprüchen genügen und benanntes Gebiet nach allen Rich-
tungen hin bearbeiten; ja, man kann sagen, dass fast jedes Jahr
die Litteratur um mindestens eine neue grössere Arbeit auf diesem
Gebiete bereichert wird. — Ich verweise zum Schluss auf eine
Anzahl empfehlenswerther Arbeiten.

Hier sei mir indess gestattet, mit nur einigen Worten die
koloristischen und farbenchemischen Untersuchungen zu charak-
terisiren.

Es interessirt bei einem Farbstoff ganz besonders: die chemische Zusammensetzung, der allgemeine Charakter und die Eigenschaften, der Ton oder die Nüance, die Stärke oder Koncentration,
die Reinheit und Einheitlichkeit.

Die chemische Zusammensetzung wird nach höheren
synthetisch-analytischen Principien eruirt und beschäftigt in erster
Linie den wissenschaftlich-synthetisch arbeitenden Chemiker.

Der allgemeine Charakter wird durch Ausfärbungen auf
verschiedenen Fasern, nach verschiedenen Methoden, sowie mit
verschiedenen Hilfsmitteln studirt. Der fixirte Farbstoff wird auf
seine Licht-, Luft-, Wasch-, Walk-, Seifen-, Wasser-, Säure-,
Alkali-, Schmutz-, Schweiss-, Reib-, Chlor-, Schwefel-, Bügel-,
Dekatur-, Dampfechtheit sowie Egalisirungs- und Kombinations-
fähigkeit etc. geprüft.

Der Ton oder die Nuance wird durch vergleichende Ausfärbungen in verschiedenen Procentsätzen, durch Vergleich mit
ähnlichen und Konkurrenzfarbstoffen in den verschiedenen Tiefen
und Abstufungen, in verschiedenen Kombinationen mit in Frage

kommenden sog. Nuancir- und Egalisirungsfarbstoffen, durch Musterung bei direktem und indirektem Tageslicht, bei Gas- und elektrischem Licht u. s. w. festgestellt.

Die Stärke oder Koncentration wird durch quantitative Ausfärbungen nach Type, unter Umständen auch kolorimetrisch erwiesen.

Die Reinheit und Einheitlichkeit wird durch qualitative und quantitative Bestimmung der Verdünnungsmittel und Zusatzfarbstoffe, bzw. der zufälligen Verunreinigungen durch fremde Farbstoffe ermittelt. — Als Verdünnungsmittel kommen am häufigsten vor: Dextrin, Zucker, Stärke, Kochsalz, Glaubersalz etc. Es kommen auf solche Weise verdünnte oder „gefüllte" Farbstoffe schon von nur 3 % Farbstoffgehalt — hauptsächlich zu Exportzwecken — in den Handel. Genannte Füllmittel werden fast immer durch fraktionnirte Lösung des Farbstoffes, z. B. in Alkohol, Aether o. ä. als unlöslicher Rückstand entdeckt.

Schwieriger gestaltet sich manchmal die Entdeckung der „gestellten" Farbstoffe, d. i. der Farbstoffe, die zwecks einer Nuancenverschiebung mit fremden Farbstoffen versetzt sind. Ist die Stellung eine rohe, d. h. durch Zusammenbringen der fertigen trockenen Farbstoffe bewirkt, so werden die Komponenten durch Zerstäubung im feinsten Vertheilungszustand gegen feuchtes Fliesspapier erkannt. Ist die Stellung aber feiner, wo z. B. die Komponenten durch Mischkrystallisation etc. molekular vereinigt sind, so können sie schwieriger und hier bisweilen nur von einem Geübten durch eine Reihe typischer Farbenreaktionen entdeckt werden.

Ich erwähne zum Schluss noch folgende Werke und Artikel, die u. A. auch die Farbstoffuntersuchungen unter z. Th. verschiedenen Gesichtspunkten behandeln:

R. Fresenius: Bestimmung des Arsens in Farbstoffen (Zeitschr. f. an. Ch. 1888, S. 179 ff.).

P. Friedländer: Fortschritte der Theerfabrikation und verwandter Industriezweige. (I: 1877—1887; II: 1887—1890; III: 1891—1894.)

Ganswindt: Lehrbuch der Baumwollgarn-Färberei.

G. v. Georgievics: Lehrbuch der chemischen Technologie der Gespinnstfasern.

G. v. Georgievics: Lehrbuch der Farbenchemie.

J. Herzfeld: Das Färben und Bleichen von Baumwolle, Wolle etc. (3 Theile).

Hummel-Knecht: Die Färberei und Bleicherei der Gespinnstfasern.

Knecht, Rawson und Löwenthal: Handbuch der Färberei der Spinnfasern.

E. Lauber: Praktisches Handbuch des Zeugdrucks.

H. Lehne: Tabellarische Uebersicht über die künstlichen organischen Farbstoffe und ihre Anwendung in Färberei und Zeugdruck.

R. Möhlau: Organische Farbstoffe, welche in der Textilindustrie Verwendung finden.

R. Nietzki: Chemie der organischen Farbstoffe.

G. Schultz: Die Chemie des Steinkohlentheers mit besonderer Berücksichtigung der künstlichen organischen Farbstoffe.

G. Schultz und P. Julius: Tabellarische Uebersicht der künstlichen organischen Farbstoffe.

E. Weingärtner: Anleitung zur Untersuchung der im Handel vorkommenden künstlichen Farbstoffe (Chem.-Ztg. 1887, No. 10 und 12).

Otto N. Witt: Chemische Technologie der Gespinnstfasern; ihre Geschichte, Gewinnung, Verarbeitung und Veredelung.

Otto N. Witt: Versuch einer qualitativen Analyse der im Handel vorkommenden Farbstoffe (Zeitschr. für anal. Ch. 1887, S. 100 ff.).

Atomgewichte der Elemente.

Name	Symbol des Atoms und Werthigkeits-koefficient	Atomgewichte		
		nach W. Ostwald $O = 16$*)	häufig gebrauchte $H = 1$	nach L. Meyer und Seubert $H = 1$
Aluminium	Al$^{III, IV}$	27,08	27,5	27,04
Antimon.	Sb$^{III, V}$	120,29	120	119,6
Arsen	As$^{III, V}$	75,00	75	74,9
Baryum	Ba$^{II, IV}$	137,04	137	136,86
Beryllium	Be^{II} od. ^{III}	9,10	9,4	9,08
Blei	Pb$^{II, IV}$	206,911	207	206,39
Bor	Bo$^{III, V}$	10,945	11	10,9
Brom	Br$^{I, III, V, VII}$	79,963	80	79,76
Cadmium	Cd^{II}	111,802	112	111,7
Caesium.	Cs^{I}	132,88	133	132,7
Calcium	Ca^{II}	40,0	40	39,91
Cer	Ce$^{III, IV}$	140,2	138	141,2
Chlor	Cl$^{I, III, V, VII}$	35,453	35,5	35,37
Chrom.	Cr$^{III, IV, VI}$	52,15	52,5	52,45
Decipium	Dp^{III}	171		
Didym.	Di^{IV}	142 (?)	145	145,0
Eisen	Fe$^{II, III, IV, VI}$	56,0	56	55,88
Erbium	E^{II}	166	169	166
Fluor	F^{I}	18,99	19	19,06
Gallium	Ga^{IV}	69,9	69	69,9
Germanium	Ge^{IV}	72,32		
Gold.	Au$^{I, III}$	197,31	196,7	196,2
Indium	In^{III}	113,7	113,4	113,4
Iridium	Ir$^{II, IV, VI}$	193,18	193	192,5
Jod	J$^{I, III, V, VII}$	126,864	127	126,54
Kalium	K^{I}	39,136	39	39,03
Kobalt.	Co$^{II, IV}$	59,1	59	58,6
Kohlenstoff	C$^{II, IV}$	12,003	12	11,97
Kupfer	Cu$^{II, I}$	63,44	63	63,18
Lanthan.	La^{IV}	138,5	139	138,5
Lithium	Li^{I}	7,030	7	7,01
Magnesium	Mg^{II}	24,38	24	23,94
Mangan	Mn$^{II, IV, VI, VII}$	55,09	55	54,8
Molybdän	Mo$^{II, III, IV, VI}$	96,1	96	95,9
Natrium	Na^{I}	23,058	23	22,995
Nickel.	Ni$^{II, III, IV}$	58,5	58,8	58,6
Niobium	Nb^{V}	94,2	94	93,7

*) Mit einigen Aenderungen nach dem Lehrbuch der allgemeinen Chemie von 1891. Die Atomgewichte sind mit so viel Decimalen aufgenommen, dass die letzte Stelle unsicher ist.

Name	Symbol des Atoms und Werthigkeits-koefficient	Atomgewichte		
		nach W. Ostwald $O = 16$	häufig gebrauchte $H = 1$	nach L. Meyer und Seubert $H = 1$
Osmium	$Os^{II, III, IV, VIII}$	191,6	199	191,12
Palladium	$Pd^{II, IV, VI}$	105,9	106,5	106,2
Phosphor	$P^{III, V}$	31,03	31	30,96
Platin	$Pt^{II, IV, VI}$	194 83	197,18	194,34
Quecksilber	$Hg^{I, II}$	200,4	200	199,8
Rhodium	$Rh^{II, IV, VI}$	103,1	104	104,1
Rubidium	Rb^{I}	85,44	85	85,2
Ruthenium	$Ru^{II, IV, VI, VIII}$	103,8	104	103,5
Samarium	Sm^{III}	150		
Sauerstoff	O^{II}	16,000	16	15,96
Scandium	Sc	44,09		43,97
Schwefel	$S^{II, IV, VI, VIII}$	32,063	32	31,98
Selen	$Se^{II, IV, VI}$	79,07	79	78,87
Silber	Ag^{I}	107,938	108	107,66
Silicium	Si^{IV}	28,40	28	28,0
Stickstoff	$N^{III, V}$	14,041	14	14,01
Strontium	Sr^{II}	87,52	87,5	87,3
Tantal	Ta^{V}	182,8	182	182
Tellur	$Te^{II, IV, VI}$	125	127	126,7
Thallium	$Tl^{I, III}$	204,15	204	203,7
Thorium	Th^{IV}	232,4	231,5	231,96
Titan	Ti^{IV}	48,13	48	50,25
Uran	$U^{IV, VI}$	239,4	240	239,8
Vanadin	$V^{III, V}$	51,21	51,2	51,1
Wasserstoff	H^{I}	1,0082	1	1,0000
Wismut	$Bi^{III, V}$	208,9	208	207,5
Wolfram	$W^{IV, VI}$	181,0	184	183,6
Ytterbium	Yt	173,2		172,6
Yttrium	Y^{IV}	89,0	89	89,6
Zink	Zn^{II}	65,38	65	64,88
Zinn	$Sn^{II, IV}$	118,10	118	117,35
Zirconium	Zr^{IV}	90,67	90	90,4

9*

Molekulargewichte einiger Verbindungen.

Verbindung	Mol.-Gew.	Verbindung	Mol.-Gew.
Aluminium		**Chrom**	
$Al_2 O_3$	102,16	$Cr_2 O_3$	152,30
$Al_2 (OH)_6$	156,209	$Cr O_3$	100,15
Antimon		$Pb Cr O_4$	323,061
$Sb_2 S_5$	400,895	$Ba Cr O_4$	253,19
$Sb_2 S_3$	336,769	**Eisen**	
$Sb_2 O_3$	288,58	$Fe O$	72,0
$Sb_2 O_5$	320,58	$Fe_2 O_3$	160,0
Arsen		$Fe_2 (PO_4)_2$	302,06
$Mg_2 As_2 O_7$	310,76	**Fluor**	
$(Mg NH_4 As O_4)_2 \cdot H_2 O$	380,924	$Ca F_2$	77,98
$As_2 S_5$	310,315	$KB F_4$	126,041
$As_2 S_3$	246,189	$H F$	19,9982
$As_2 O_3$	198,00	$Ba Si F_6$	279,38
$As_2 O_5$	230,00	$K_2 Si F_6$	220,612
Baryum		$H_2 Si F_6$	144,356
$Ba SO_4$	233,103	**Jod**	
$Ba O$	153,04	$Ag J$	234,802
$Ba CO_3$	197,043	$H J$	127,872
$Ba Cr O_4$	253,19	$Pb J_2$	460,639
Blei		**Kalium**	
$Pb SO_4$	302,974	$K Cl$	74,589
$Pb S$	238,974	$K_2 SO_4$	174,335
$Pb O$	222,911	$K_2 Pt Cl_6$	485,82
$Pb Cl_2$	277,817	$K_2 O$	94,272
$Pb Cr O_4$	323,061	$K_2 Si F_6$	220,612
Bor		**Kobalt**	
$B_2 O_3$	69,890	$Co O$	75,1
$KB F_4$	126,041	$Co_3 O_4$	241,3
Brom		$K_3 Co (NO_2)_6$	452,754
$Ag Br$	187,901	**Kohlenstoff**	
$H Br$	80,9712	CO_2	44,003
$Br_2 O_5$	239,926	CN	26,044
Cadmium		CO	28,003
$Cd S$	143,865	$H CN$	27,0522
$Cd O$	127,802	**Kupfer**	
Calcium		$Cu O$	79,44
$Ca O$	56,0	$Cu_2 S$	158,943
$Ca SO_4$	136,063	**Lithium**	
$Ca CO_3$	100,003	$Li Cl$	42,483
Chlor		$Li_2 SO_4$	110,123
$Ag Cl$	143,391	$Li_2 O$	30,060
$H Cl$	36,4612	$Li_2 CO_3$	74,063
$Cl_2 O_5$	150,906	$Li_3 PO_4$	116,120

Verbindung	Mol.-Gew.	Verbindung	Mol.-Gew.
Magnesium		**Schwefel**	
$Mg_2 P_2 O_7$	222,82	$H_2 SO_4$	98,0794
$Mg O$	40,38	**Silber**	
$Mg NH_4 As O_4 \cdot \frac{1}{2} H_2 O$	190,462	$Ag_2 O$	231,876
$Mg_2 As_2 O_7$	310,76	$Ag Cl$	143,391
$Mg SO_4$	120,443	$Ag CN$	133,982
Mangan		$Ag_3 PO_4$	418,844
$Mn SO_4$	151,153	$Ag_4 P_2 O_7$	605,812
$Mn S$	87,153	**Silicium**	
$Mn_3 O_4$	229,27	$Si O_2$	60,40
$Mn_2 O_3$	158,09	$Si F_4$	104,36
$Mn O$	71,09	$H_2 Si F_6$	144,356
$K Mn O_4$	158,226	$K_2 Si F_6$	220,612
Natrium		$Ba Si F_6$	279,38
$Na Cl$	58,511	**Stickstoff**	
$Na_2 SO_4$	142,179	$N_2 O_5$	108,082
$Na_2 CO_3$	106,119	$N_2 O_3$	76,082
$Na_2 O$	62,116	$(NH_4) Cl$	53,5268
Nickel		$(NH_4)_2 SO_4$	132,211
$Ni O$	74,5	**Strontium**	
$Ni SO_4$	154,563	$Sr SO_4$	183,583
Phosphor		$Sr CO_3$	117,523
$Mg_2 P_2 O_7$	222,82	$Sr O$	103,52
$Ag_4 P_2 O_7$	605,812	**Uran**	
$Fe_2 (PO_4)_2$	302,06	$U_2 P_2 O_{11}$	716,86
$P_2 O_5$	142,06	$U O_2$	271,4
Platin		**Wasserstoff**	
$K_2 Pt Cl_6$	485,82	$H_2 O$	18,0164
$(NH_4)_2 Pt Cl_6$	443,696	**Wismut**	
Quecksilber		$Bi_2 O_3$	464,02
$Hg S$	232,463	$Bi_2 S_3$	513,989
$Hg O$	216,4	$Bi O Cl$	260,353
$Hg_2 O$	416,8	$Bi As O_4$	347,9
$Hg_2 Cl_2$	471,706	**Zink**	
Schwefel		$Zn S$	97,443
$As_2 S_3$	246,189	$Zn O$	81,38
$H_2 S$	34,0794	**Zinn**	
SO_2	64,063	$Sn O_2$	150,10
SO_3	80,063	$Sn O$	134,10

Gravidimetrische Aequivalente.

Gefunden	Faktor	Gesucht	Gefunden	Faktor	Gesucht
$AgCl$	$\times 0{,}2474 =$	Cl	K_2PtCl_6	$\times 0{,}193 =$	K_2O
-	$\times 0{,}2543 =$	HCl	K_2SO_4	$\times 0{,}5402 =$	K_2O
-	$\times 0{,}7526 =$	Ag	$MgNH_4AsO_4$	$\times 0{,}547 =$	As_2O_3
Al_2O_3	$\times 0{,}534 =$	Al	-	$\times 0{,}636 =$	As_2O_5
As_2S_3	$\times 0{,}6097 =$	As	MgO	$\times 0{,}6 =$	Mg
-	$\times 0{,}805 =$	As_2O_3	$Mg_2P_2O_7$	$\times 0{,}3604 =$	MgO
-	$\times 0{,}935 =$	As_2O_5	-	$\times 0{,}6396 =$	P_2O_5
$BaSO_4$	$\times 0{,}6566 =$	BaO	-	$\times 0{,}757 =$	$MgCO_3$
-	$\times 0{,}588 =$	Ba	N	$\times 3{,}857 =$	HNO_3
-	$\times 0{,}3433 =$	SO_3	N	$\times 1{,}214 =$	NH_3
-	$\times 0{,}137 =$	S	N	$\times 3{,}857 =$	N_2O_5
-	$\times 0{,}2747 =$	SO_2	N	$\times 6{,}25 =$	Proteïnstoffe
CO_2	$\times 0{,}2727 =$	C	Na_2CO_3	$\times 0{,}585 =$	Na_2O
$CaCO_3$	$\times 0{,}44 =$	CO_2	$NaCl$	$\times 0{,}53 =$	Na_2O
CaO	$\times 0{,}7143 =$	Ca	-	$\times 0{,}3931 =$	Na
$CaSO_4$	$\times 0{,}4117 =$	CaO	-	$\times 0{,}6068 =$	Cl
Cr_2O_3	$\times 1{,}3158 =$	CrO_3	Na_2SO_4	$\times 0{,}4366 =$	Na_2O
CuO	$\times 0{,}7987 =$	Cu	$PbCrO_4$	$\times 0{,}3096 =$	CrO_3
CuO	$\times 1{,}306 =$	Gerbstoff	PbO	$\times 0{,}9282 =$	Pb
Cu_2S	$\times 0{,}7987 =$	Cu	$PbSO_4$	$\times 0{,}736 =$	PbO
Fe_2O_3	$\times 0{,}7 =$	Fe	-	$\times 0{,}6832 =$	Pb
Fe_2O_3	$\times 0{,}9 =$	FeO	Sb_2O_3	$\times 0{,}8356 =$	Sb
H_2O	$\times 0{,}1111 =$	H	Sb_2S_3	$\times 0{,}7176 =$	Sb
KCl	$\times 0{,}6309 =$	K_2O	SnO_2	$\times 0{,}7867 =$	Sn
-	$\times 0{,}5235 =$	K	ZnO	$\times 0{,}8025 =$	Zn
K_2PtCl_6	$\times 0{,}307 =$	KCl	ZnS	$\times 0{,}835 =$	ZnO
-	$\times 0{,}159 =$	K	ZnS	$\times 0{,}6701 =$	Zn

Volumetrische Aequivalente.

1 ccm norm. Sáure
$= 0{,}031$ g Na_2O
- $= 0{,}04$ g $NaOH$
- $= 0{,}047$ g K_2O
- $= 0{,}056$ g KOH
- $= 0{,}017$ g NH_3
- $= 0{,}053$ g Na_2CO_3
- $= 0{,}143$ g $Na_2CO_3 + 10$ aq.
- $= 0{,}069$ g K_2CO_3
- $= 0{,}1575$ g $Ba(OH)_2 + 2$ aq.
- $= 0{,}0765$ g BaO
- $= 0{,}05$ g $CaCO_3$
- $= 0{,}028$ g CaO
- $= 0{,}022$ g CO_2
- $= 0{,}191$ g $Na_2B_4O_7 + 10$ aq.

1 ccm norm. Lauge
$= 0{,}04$ g SO_3
- $= 0{,}049$ g H_2SO_4
- $= 0{,}0364$ g HCl
- $= 0{,}063$ g HNO_3
- $= 0{,}054$ g N_2O_5
- $= 0{,}06$ g Essigsäure
- $= 0{,}063$ g Oxals. kryst.
- $= 0{,}09$ g Milchsäure
- $= 0{,}075$ g Weinsäure
- $= 0{,}188$ g Weinstein
- $= 0{,}07$ g Citronens. kryst.

1 ccm norm. Oxalsäure
$= 0{,}0316$ g $KMnO_4$

1 ccm $^1/_{10}$ n. Rhodanlös.
$= 0{,}012175$ g $CuSO_4 + 5$ aq.

1 ccm $^1/_{10}$ n. Thiosulflös.
$= 0{,}00354$ g wirks. Cl

1 ccm $^1/_{10}$ n. Chamäleon
$= 0{,}0063$ g Oxals. kryst.
$= 0{,}0056$ g Fe

1 ccm $^1/_{10}$ n. Chamäleon
$= 0{,}0072$ g FeO
- $= 0{,}008$ g Fe_2O_3
- $= 0{,}0278$ g $FeSO_4 + 7$ aq.
- $= 0{,}0392$ g Mohr'sches Salz
- $= 0{,}01125$ g $SnCl_2 + 2$ aq.
- $= 0{,}0017$ g H_2O_2
- $= 0{,}0041$ g Na_2O_2
- $= 0{,}00845$ g BaO_2
- $= 0{,}00345$ g $NaNO_2$
- $= 0{,}0422$ g
$K_4Fe(CN)_6 + 3$ aq.

1 ccm $^1/_{10}$ n. Jodlös.
$= 0{,}0032$ g SO_2
- $= 0{,}00495$ g As_2O_3
- $= 0{,}00575$ g As_2O_5
- $= 0{,}01125$ g $SnCl_2 + 2$ aq.
- $= 0{,}0094$ g $SnCl_2$
- $= 0{,}0059$ g Sn
- $= 0{,}0158$ g $Na_2S_2O_3$

1 ccm $^1/_{10}$ n. Silberlös.
$= 0{,}00354$ g Cl
- $= 0{,}00364$ g HCl
- $= 0{,}00584$ g $NaCl$

1 ccm $^1/_{10}$ n. Arsenitlos.
$= 0{,}00354$ g wirks. Cl
- $= 0{,}006$ g Sb
- $= 0{,}0072$ g Sb_2O_3

1 ccm $^1/_{10}$ n. Kaliumbichromatlös.
$= 0{,}0072$ g Fe
- $= 0{,}0278$ g $FeSO_4 + 7$ aq.

1 g Mohr'sches Salz
$(FeSO_4(NH_4)_2SO_4 + 6$ aq.)
$= 0{,}1253$ g $K_2Cr_2O_7$
- $= 0{,}0853$ g CrO_3

1 g $K_2Cr_2O_7 = 0{,}662$ g met. Zn

Sachregister.

Während im **Text** die Nomenklatur eine gemischte ist und bei derselben nur der Sprach-
gebrauch und die usuellere Bezeichnungsweise maassgebend war, ist in folgendem **Sach-
register** erst das Metall bezw. die Base und dann die Säure angegeben, also nach dem
Schema „Natriumchlorid", „Kaliumpermanganat" etc. klassificirt worden.

Additional material from *Färbereichemishe Untersuchungen*
ISBN 978-3-662-0-1832-3, is available at http://extras.springer.com